Daniela Nuber

Mein Almsommer

Von der Stadt in die Berge

Inhalt

Almleben und was bleibt ...   102

Service   136

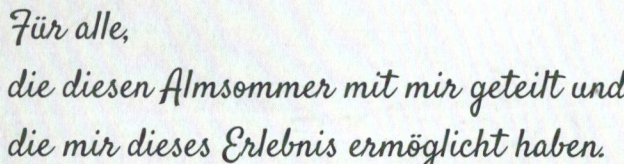

Für alle,
die diesen Almsommer mit mir geteilt und
die mir dieses Erlebnis ermöglicht haben.

Vorwort

Dies ist ein Buch für alle, die sich für das Almleben interessieren. Vor allem für alle, die sich dafür interessieren, wie das Ganze aus der Perspektive einer Städterin aussieht. Ich habe zwar viel gelernt im Umgang mit Tieren, aber ich bin keineswegs Expertin in Sachen Land- und Almwirtschaft oder Viehhaltung. Viele meiner Informationen und Lektionen sind aus Gesprächen mit den Menschen, die mir im Laufe dieses Sommers begegnet sind, hervorgegangen und manches habe ich aus Interesse nachgelesen, aber natürlich sind Irrtümer vorbehalten.

Dies ist kein Handbuch für die Almwirtschaft und so mancher Bauer mag meine Meinung hier nicht teilen oder meine Darstellungen als laienhaft belächeln. Es geht vielmehr darum, sich von meiner Begeisterung anstecken zu lassen und mir in meiner Perspektive zu folgen, während ich eine für mich unbekannte und neue Welt entdecke. Viel Spaß!

Danke an Theresia und die ganze Familie Forstner, dass ich wohlumsorgt auf Eurem idyllischen Bauernhof meine Geschichten aufschreiben und durch die Stallarbeit und die Gespräche mit Euch viele Almerinnerungen wieder wach werden lassen konnte. Vielen Dank an Johanna und Frank für die Zeit und Geduld beim Korrekturlesen mit vielen konstruktiven Vorschlägen.

Daniela Nuber
München

Wie alles begann

Vom Büro in die Berge – was erwartet mich „Stadtkind" auf der Alm?
Kitschige Heimatfilmidylle oder harte Arbeit?
Eines ist gewiss: viele Überraschungen!

Von der Stadt auf die Alm – am Anfang war der Traum

„Was?! Kein Strom? Dann hast du ja auch keinen Fernseher!" – so oder ähnlich waren die Reaktionen der städtischen Freunde, wenn ich von meinen Almsommerplänen berichtete – „Was machst du denn dann da?"

Das sind also die Probleme, die der moderne Stadtmensch des 21. Jahrhunderts hat: Luxus wie Kühlschrank, Licht oder fließendes warmes Wasser nehmen wir schon als so selbstverständlich wahr, dass wir uns ein Fehlen nicht vorstellen können oder sie gar nicht mehr in Verbindung mit Strom bringen. Zeit also, den Selbstversuch endlich zu wagen und ein einfacheres Leben auszuprobieren! Ich will Sennerin werden – einen Sommer lang in den österreichischen Alpen ein Leben mit und in der Natur führen und Kühe melken. Ich kündige meine sichere und unbefristete Stelle in der Marketingabteilung eines amerikanischen Technologieunternehmens in München, um meine Lebensweise für ein paar Wochen um 180 Grad zu drehen, aber vor allem, um mir einen Traum zu erfüllen.

Meine Eltern sind entsetzt – wozu hat das Kind studiert, wenn es sich jetzt der einfachen Landwirtschaft zuwendet? Warum gibt jemand für so derartige Hirngespinste einen scheinbar sicheren Job auf? Die Reaktionen meiner Familie, meines Partners und meiner Freunde und Arbeitskollegen schwanken zwischen Bewunderung, Neid und absolutem Unverständnis. Ich erfahre viel über die Wünsche und Träume anderer, denn fast jeder wird durch meine Geschichte angeregt, über seine eigenen Pläne „das wollte ich schon immer mal machen" nachzudenken und zu sprechen. Und es ist erstaunlich, wie wenige davon daran glauben, sie tatsächlich irgendwann einmal realisieren zu können.

Die Umsetzung meines Traums in die Tat stimmt viele Menschen in meiner Umgebung nachdenklich. Natürlich gibt es immer Gründe, die dagegen sprechen einen solchen Schritt zu wagen, aber wenn das Gefühl sagt, dass es der richtige Zeitpunkt ist, dann zählt das alles nicht mehr. Mein Bedürfnis nach Sicherheit stand lange Zeit an oberster Stelle. Mein Lebenslauf war bis dahin nicht besonders aufregend, bis auf einige Auslandssemester im abgesicherten Studentenmodus. Aber plötzlich war er da – der richtige Moment, in dem es keinen Zweifel, keine Angst vor der Ungewissheit und keine Bedenken mehr gab.

Für einen Sommer Sennerin

Wie kommt man also auf so eine Idee? Das bin ich oft davor und danach gefragt worden. Der Grundstein dafür wurde vor einigen Jahren gelegt, als ich in der Zeitung von einer deutschen Sportstudentin las, die in der Schweiz als Sennerin gearbeitet hatte. Ein Artikel, der mich sehr berührte und wie ein Samenkorn wirkte, das gefallen war und von nun an weiter gedieh. Jede Wanderung in den Bergen weckte ein Stückchen mehr Sehnsucht in mir. Jedes Mal, wenn ich am Gipfelkreuz stand oder in einer Hütte saß, überwältigt von der Schönheit und Gewaltigkeit der Natur hier in den Bergen, trieb der Samen weiter aus und der Wunsch wurde stärker: der Wunsch, einfach einmal nicht wieder ins Tal zu müssen.

Jeder Ausflug in die Berge verstärkte meine Sehnsucht.

Abnabelung von meinen Wurzeln könne ich die urbane Weltbürgerin sein, die ich sein wollte. Inzwischen bin ich stolz auf meine Herkunft, pflege meinen Dialekt wieder und beschäftige mich mit alten Traditionen, die auch vielerorts wieder aufleben und wachsenden Zuspruch finden. Das „Heimatgefühl" ist wieder „in" bei den jungen Menschen. Ich bin ein Teil davon und man könnte sagen, dass meine Almsommererfahrung einen allgemeinen Trend widerspiegelt.

In den Bergen sein zu wollen, ist das eine. Das Stadtleben ganz hinter mir zu lassen und eine neue Lebensweise auszuprobieren, das andere. Ich bin in einer Kleinstadt aufgewachsen, genieße aber seit vielen Jahren das kulturelle, bunte und vielseitige Leben der Großstadt. Dennoch hat sich immer mehr eine Sehnsucht eingeschlichen nach den einfachen Dingen. Eine sehnsuchtsvolle Zurückwendung zum Leben unserer Groß- und Urgroßeltern, die nicht nur mich, sondern meine ganze Generation immer mehr erfasst – vielleicht als Gegenreaktion zur wachsenden Globalisierung. Früher war ich darauf bedacht, meine bayerische Heimat sowohl sprachlich als auch traditionell zu leugnen und dachte, nur durch die

In den Bergen und der Natur zu sein war mein Traum.

Ab auf die Alm in mein neues Leben als Sennerin.

Der entscheidende Augenblick aber für meinen Entschluss kommt eines Abends, als ich bei einer Arbeitskollegin eingeladen bin, die sich auf einem schönen Bauernhof eingemietet hatte. Von der landwirtschaftlichen Idylle um uns herum angesteckt, erzähle ich von meinem Almsommertraum und erhalte als Reaktion die schlichte Gegenfrage, die von tiefstem Herzen kommt und so ehrlich klingt, dass sie mich nachdenklich stimmt:

„Und warum machst du es nicht einfach?"

Als ich an diesem Abend nach Hause fahre, ist es für mich beschlossene Sache. Ich will alles daran setzen, für einen Sommer Sennerin zu werden.

Alm und Senner / in – ein Erklärungsversuch

„Waaaas willst du werden? Sängerin auf der Alm?" – so lautete unzählige Male die Rückfrage von unbedarften Gesprächspartnern aus der Stadt, wenn ich von meinen Plänen berichtete. Nein, natürlich will ich Sennerin werden und keine Sängerin, was doch etwas völlig anderes ist – es sei denn, man hat das Bild der jodelnden Heidi vor Augen, die mit lauten Juchezern die Aufmerksamkeit der Hirtenjungen auf sich ziehen will. Aber lassen wir die Klischeeschublade lieber geschlossen. Tatsächlich ist eine Sennerin auf der Alm verantwortlich für das Vieh, seien es Kühe, Ziegen oder in manchen Fällen auch Schafe, die während des Sommers dort oben weiden. Selbstverständlich gibt es auch das männliche Pendant, den Senner. In all den Liedern und Geschichten über das Almleben kommt der aber selten vor. Darin wird eher das Bild der Sennerin vermittelt, die jung, in der Regel ledig und im Idealfall hübsch ist.

Das mag zwar vielleicht eine Wunschvorstellung widerspiegeln, aber die Erzählungen meiner Almnachbarn bestätigen den hohen Frauenanteil auf der Alm tatsächlich. Die Sennerin war demnach oft ein noch unverheiratetes Mädchen oder die Großmutter der Bauernfamilie. Zum Teil ist das noch heute so. Doch die Familien werden kleiner beziehungsweise können nicht mehr alle Familienmitglieder von der Landwirtschaft leben und arbeiten nicht mehr am Hof oder auf der Alm. Also wird *Fremdpersonal* eingestellt, oft Aussteiger auf Zeit, so wie ich.

In manchen Teilen der Alpen wiederum ist es wohl üblich, dass die ganze Bauernfamilie auf die Alm zieht, dann aber meist auf eine niedrig gelegene, die nicht weit vom heimatlichen Betrieb entfernt ist. Der eigentliche Grund für die Bergbauern, Almwirtschaft zu betreiben, liegt darin, eine Versorgung der Tiere über das ganze Jahr hinweg zu gewährleisten. Während das Vieh in den Sommermonaten auf der Alm genug zu fressen hat, können die Wiesen im Tal gemäht werden, sodass ausreichend Heu als Nahrung für die Wintermonate zur Verfügung steht.

Wer allerdings nicht auf Almwirtschaft angewiesen ist, der lässt die Kühe auch im Sommer im Tal. Das Gras auf der Alm und die Bewegung mag zwar für die Tiere gut und gesund sein, aber das Futter der Almwiesen bringt für die hochleistungsorientierte Milchwirtschaft unserer Zeit trotzdem nicht die gleiche Ausbeute wie das gezielte Füttern im heimischen Stall. Die Milchmenge nimmt ab im Laufe des Sommers, denn das Gras wird trockener und verliert an Nährstoffen. Weniger Milch bedeutet weniger Geld für den Bauern. Immer mehr Almen werden deshalb *aufgelassen*, das heißt, nicht mehr mit Viehhaltung bewirtschaftet und die Hütten dafür lukrativ an Jäger, Bergfreunde oder wohlhabende Städter verpachtet.

Um Almwirtschaft zu fördern und diese Kulturlandschaft zu bewahren, wurden deshalb verschiedene staatliche Förderprogramme aufgesetzt, denn man hat die Vorteile der Almwirtschaft für Landschaft, Tourismus und für die Qualität der Nahrungsmittel erkannt. Der Almbetrieb sorgt dafür, dass die freien Flächen nicht von Bäumen und Büschen überwachsen werden und somit Lebensräume und Artenvielfalt erhal-

Das Zuhause der Sennerin für den Sommer – die Almhütte.

ten bleiben. Die bewirtschafteten Hütten bedienen die Bedürfnisse der Wanderer und Milch und Fleisch von Almtieren gelten als besonders gut und gesund.

Almzeit

In der Regel dauert eine Almzeit rund hundert Tage in den Sommermonaten, solange das Vieh auf der Hochweide genug zu fressen findet. Der Almauftrieb findet im Mai oder Juni statt. Mitte bis Ende September ist die Saison vorbei. Der genaue Zeitpunkt variiert entsprechend der Schnee- und Witterungsverhältnisse, die natürlich abhängig von der Höhenlage der Alm sind. Almarbeit ist ein klassischer Saisonjob.

Auf der Alm ist nicht unbedingt nur ein/e Senner/in zu finden. Es gibt auch die Stelle des Hirten, der sich in erster Linie um Jungvieh oder sogenanntes Galtvieh kümmert, das nicht gemolken werden muss. Der Hirte, oder auf bayerisch auch *Galterer* genannt, ist dafür verantwortlich, dass alle unverletzt und wohlauf sind, innerhalb der eingezäunten Bereiche bleiben und auf Weiden unterwegs sind, wo sie ausreichend zu fressen finden. Im Unterschied dazu ist die Sennerin für das Milchvieh zuständig sowie für die Verarbeitung der Milch zu Quark, Käse und Butter.

Früher waren beide mit dieser klassischen Arbeitsaufteilung oft zusammen auf der Alm. In der Schweiz ist die Aufteilung in sogenannte Alpteams noch heute üblich, doch in Tirol ist die Milchverarbeitung direkt auf der Alm selten geworden. Die heutige Technik ermöglicht eine Kühlung der Milch vor Ort, die Forstwege sind gut ausgebaut und der große Tankwagen kann auch während des Sommers die Milch für die Molkerei abholen. Ich kann hier nur von meinen eigenen Erfahrungen als einzelne Sennerin berichten. Diese unterscheiden sich vermutlich stark von einer Alperfahrung in einem mehrköpfigen Team mit großer Herde und richtiger Käserei. Nur eines ist sicherlich überall gleich: die Begeisterung und Liebe für das Almleben und für die Arbeit mit den Tieren in den luftigen Höhen.

In meiner Vorstellung hatte ich immer von einer kleinen Hütte für mich ganz alleine geträumt, abgeschieden von der Welt, allein mit meinen Kühen und Kälbchen. Ich wollte eine Hütte ohne Ausschank, denn in solchen Betrieben verkommt die Tätigkeit der Sennerin, gerade in stark frequentierten Gebieten, leicht zu der einer billigen Servicekraft. Mit dieser Wunschvorstellung vor Augen mache ich mich also jetzt auf die Suche nach einer geeigneten Stelle.

Auf der Suche nach der Alm – am Anfang war das Internet

Selbst ein Ausstieg auf Zeit aus dem Stadtleben beginnt im 21. Jahrhundert mit den modernen Technologien, in meinem Fall mit dem Internet. Unsere alpenländischen Nachbarn bieten dafür zwei sehr brauchbare Online-Plattformen an.

Ich schalte eine Anzeige auf der österreichischen Webseite www.almwirtschaft.com unter *Stellenanzeigen für Almpersonal* und bei www.zalp.ch, dem Schweizer Internetportal für alle Älpler, und antworte gleichzeitig auf dort eingestellte Angebote.

Die Schweizer Variante scheidet bald für mich aus, da ich feststellen muss, dass ich ohne jegliche Vorkenntnisse höchstens Chancen auf eine Stelle als Hilfs- oder Zusenn hätte und dass ich Anfang April schon zu spät dran bin, weil sich die Teams in der Regel bereits zu Jahresanfang formiert haben. Dazu kommt, dass eine Besichtigung vorab und ein Kennenlernen viel zu aufwendig wären, ich aber ungern die Katze im Sack kaufen will.

Auch den Bauersleuten, mit denen ich telefoniere, ist ein Kennenlernen wichtig. Schließlich kann ich nichts an landwirtschaftlicher Praxiserfahrung vorweisen und lediglich meinen guten Willen und meine hohe Motivation beteuern. Immer wieder stoße ich auf Bedenken und Vorbehalte, denn viele der Bauern haben bereits schlechte Erfahrungen mit Laien gemacht, die ihre Vorstellung vom idyllischen Almleben angesichts der harten Arbeit enttäuscht sahen und sich nach wenigen Wochen wieder aus dem Staub machten.

Es folgen viele Wochen mit Telefonaten und „Bewerbungsgesprächen". Doch die Sache gestaltet sich unerwartet schwierig. Immer wieder gibt es einen Haken. Mal sind es zwischenmenschliche Aspekte, die nicht passen, dann ist die Herde zu groß für meine Unerfahrenheit, mal geht es nur um einen Hirtenjob, mal eher um eine Stelle als Kellnerin in der Jausenstation und mal ist die Hütte in inakzeptabel schlechtem Zustand. Mitte Mai kündige ich meinen Job in München und habe immer noch keine Almstelle.

Was mich antreibt, ist die Sehnsucht nach der Natur und Weite.

Und dann ...

Die Nervosität wächst zunehmend. Doch dann erreicht mich die entscheidende E-Mail als Antwort auf meine Anzeige:

„Hallo Daniela
wir suchen eine Sennerin
Juni – September.
Die Alm ist in Thiersee
bei Kufstein/Tirol.
Wir treiben 11 Kühe
und 4 Kälber auf.
Sie können die Alm jederzeit
anschaun."

Ich rufe sofort an und Hans, der Bauer, schlägt mir vor, ein Wochenende zum Probearbeiten vorbeizukommen. Die Kühe seien schon auf der Alm und ich könne auch gleich in der Hütte übernachten. Frohen Mutes setze ich mich am Freitagabend, mit Schlafsack und alter Kleidung für die Stallarbeit gewappnet, in den Zug Richtung Kufstein. Am Bahnhof erwartet mich Hans, ein echter Tiroler Bergbauer, Anfang 60, mit einem Dialekt, dem ich kaum folgen kann und einem Mercedes SLK, in den wir mein Gepäck laden. Eine interessante Mischung! Aber die Chemie stimmt – das ist mir rasch klar.

Auf dem Hof angekommen, wird der schicke Zweisitzer gegen den alten verrosteten Toyota getauscht, der voller Tierfutter, Werkzeug und Bierflaschen ist und auf dem Weg nach oben knattert, als würde gleich der Auspuff abfallen. Es wird in diesem Sommer mein treues Almauto werden. Ich lerne Barri, den Hund, kennen und trotz meiner Skepsis gegenüber Hunden, schließe ich ihn sofort ins Herz. Barri springt auch ins Auto und wir fahren auf die Alm, die über einen Forstweg erreichbar ist.

Als wir um die letzte Kehre biegen und der Wald den Blick auf die Fläche mit den schnuckeligen Hütten freigibt, ist es um mich geschehen. Es ist wirklich Liebe auf den ersten Blick. Ich weiß sofort, dass dies der Platz ist, nach dem ich gesucht habe.

Barri und ich mögen uns auf Anhieb.

Das Almdorf der Trainsalm.

„Meine Alm"

Die Trainsalm liegt auf etwa 1500 m und beherbergt ein kleines Dorf mit acht Hütten und einer kleinen Kapelle. Neben meiner eigenen Hütte sind auch noch vier andere den Sommer über bewirtschaftet, eine davon mit einer kleinen Jausenstation, an der sich Wanderer eine Einkehr gönnen können. Der Hausberg, das Trainsjoch, erhebt sich bis auf 1708 m hinter meiner Almhütte, und entlang des Bergrückens verläuft direkt die tirolerbayerische Grenze. Die Hütte bietet eine Aussichtsloge der ganz besonderen Art auf das für mich imposanteste Felsmassiv der Voralpen – den Wilden Kaiser, der majestätisch über dem Inntal trohnt. Von meiner Seite steht einem Almsommer hier oben nichts mehr im Wege und beim Probearbeiten schlage ich mich so wacker, dass auch der Bauer bereit ist, mir trotz fehlender Vorkenntnisse die Stelle zu geben. Die Einarbeitung soll dann als „Learning-by-Doing" mit seiner Unterstützung in den ersten Wochen meines Sommerjobs erfolgen. Mit einem riesigen Strauß Margeriten, zwei Tüten voll duftender Holunderblüten, einer Menge neuer Eindrücke und großer Vorfreude fahre ich wieder in die Stadt zurück. Ich habe meinen Platz gefunden. Der Sommer kann kommen! Aber ein wenig Geduld muss ich noch haben.

Der Einzug – mein Sommer kann beginnen

Und's Deandl is sauba
Und hat a scheans Gwand
Und a bachlwarms Kammerl
Und's Holz bei da Wand

Dann ist es endlich soweit – mein letzter Arbeitstag im Büro, die große Abschiedsparty von und mit den lieb gewonnenen Kollegen, und jetzt kann es losgehen. Ich mache mich mit Sack und Pack auf den Weg. Die Kühe warten schon auf der Alm auf ihre neue Sennerin. Der Bauer natürlich auch – denn er hat im Tal mit Mähen und Heu machen genug zu tun und braucht endlich Entlastung bei der Almarbeit.

Endlich angekommen!

Meine neue Wahlheimat

Meine Almhütte stammt aus dem Jahr 1860. All die dicken Balken in Hütte und Stall sind sicherlich noch original aus dieser Zeit, auch wenn seither ein paar Renovierungsarbeiten gemacht worden sind. Kommt man in die Hütte, geht es nach links an der Garderobe vorbei in die *Kuchel*, wie meine acht Quadratmeter große und gemütliche Wohnküche auf tirolerisch heißt. An der Wand steht ein großer alter Küchenschrank für Geschirr und Lebensmittel und gegenüber, unter dem Herrgottswinkel, in dem das mit Latschen geschmückte Kreuz hängt, befindet sich die Sitzecke mit Holzbank und einem großen runden Tisch. Die alte Couch in der anderen Ecke hat hier sicherlich schon die letzten vierzig Jahre verbracht und ist nicht mehr ganz stabil.

Unter dem Fenster steht das Spülbecken mit fließendem kalten Wasser. Beim Abwaschen habe ich so den Wilden Kaiser direkt vor der Nase. An der Wand hängt ein kleiner Spiegel mit einem hölzernen Ablagebrett, auf dem Zahnbürste und Kosmetikprodukte für meine Morgen- und Abendtoilette stehen. Und schließlich die Kochstelle: ein alter Holzofen mit Backrohr, über dem im rechten Winkel zwei Holzstangen angebracht sind, um Tücher und Kleider zum Trocknen aufzuhängen und ein Gasherd mit drei Kochstellen für die schnelle Küche.

Klein aber fein – meine Küche.

Unter einem Dach

Unmittelbar hinter der Eingangstür zur Hütte gelangt man über zwei kleine Stufen ins *Kammerl*, also in mein kleines Schlafzimmer, das nur eine große Matratze und einen alten Kleiderschrank beherbergt. Im Eingangsbereich unter dem Hängeregal an der Wand, in dem die alten Öllampen stehen, lässt sich eine Luke im Boden öffnen, die den Weg über schmale und gewundene Steinstufen in den etwas muffigen Keller freigibt, der als Speisekammer dienen soll. Um zur Toilette zu gelangen, muss man über die großzügige Terrasse um die Hütte herumgehen. Dort ist das *Heisl*, ein kleiner Holzverschlag, ganz standesgemäß mit Herzchen in der Tür, über die Güllegrube gebaut, und es gibt sogar eine echte Toilettenspülung.

Durch die schwere Tür neben der Küche kommt man über eine kleine Stufe direkt in den Stall zu meinen Kühen. Wir wohnen sozusagen Wand an Wand, sodass ich beim Mittagsschlaf in meinem

Der Eingang zum Stall.

Das Milchkammerl

Meine Kühe nutzen natürlich den anderen Eingang zum Stall an der Außenseite der Hütte. An der Stalltür lässt sich der obere Teil wie ein Fenster aufklappen, das neben den anderen winzigen Maueröffnungen für etwas Tageslicht im Inneren sorgt. Der Türrahmen ist breit genug, dass meine schweren Damen leicht durchpassen.

Hinter dem Stall schließt sich ein neuer Anbau an, in dem sich das *Milchkammerl* befindet, das entsprechend der strengen gesetzlichen Vorschriften eingerichtet ist. Ein vollständig gefliester Raum, in dem Melkgeschirr und Kannen mit hohen Hygieneanforderungen zweimal am Tag nach dem Melken gewaschen werden müssen und in dem die Milch in einem großen Tank gekühlt wird. Die Milchkannen sind fein säuberlich auf den Brettern an der Wand aufgereiht und das kleine Fenster über dem Waschbecken bleibt gekippt, damit die Frischluftzufuhr gewährleistet ist. Während ich die Hütte in den ersten zwei Wochen mit Putzlappen und Besen, mit Essigreiniger und Zitronensäure auf ein für mich annehmbares Sauberkeitsniveau bringen muss, ist das Milchkammerl von Anfang an in perfektem Zustand. Verständlich, denn mangelnde Hygiene kann hier schnell zu schlechterer Milchqualität und somit zu Abzügen beim Milchgeld führen.

Vom Milchkammerl gelangt man in den Motorraum mit dem alten Dieselmotor, der das Aggregat antreibt, das während des Melkens Strom für das Licht im Stall, die Melkmaschine und die Milchkühlung erzeugt.

Kammerl ihre schweren Bewegungen spüren und ihr Schnauben und Wiederkäuen hören kann. Der Stall ist sehr alt und das Dach nicht mehr ganz dicht, was man bei starkem Regen zu spüren bekommt. Die alten schweren Bretter im Stallboden sind fast alle schief und ausgetreten und müssen mehrfach im Laufe des Sommers zurechtgeklopft werden. Die Kühe sollen ja nicht stolpern oder sich an herausstehenden Nägeln verletzen, und ich muss mit meiner Schaufel ohne Hindernisse durch die Mistrinne fahren können. Ich mag diesen Stall mit seinem altertümlichen und ursprünglichen Charme. Die dicken alten Bretter strahlen für mich eine Behaglichkeit aus und ich liebe die Momente, wenn am Abend alles sauber und ordentlich ist oder wenn am Nachmittag alle meine Kuh-Damen dampfend und behäbig an ihren Plätzen liegen und unendliche Ruhe und Friedlichkeit verbreiten.

Aller Anfang ist schwer – Kühe sind keine Computer

Mei Hüttn ist kloa
I wohn do alloa
Hob nur meine Kühaa
De machan mir Müha

In der ersten Woche werde ich von neuen Eindrücken überschüttet und ich versuche in meinem üblichen Perfektionismus und mit der gewohnten Arbeitswut, die ich noch aus meinem Berufs- und Stadtleben mitgebracht habe, alles so schnell wie möglich zu lernen und umzusetzen. Aber das ist leichter gesagt als getan! Zu Beginn vermag mich wirklich alles in Staunen zu versetzen und ich sauge alles Neue auf wie ein trockener Schwamm. Ich lerne teils durch Beobachtung, teils durch die Anweisungen, die mir mein Bauer Hans gibt. Dennoch muss ich es in den ersten Tagen ertragen, ständig korrigiert zu werden, was mir sehr schwer fällt. Der Bauer zeigt mir, wie ich einige Tätigkeiten effizienter gestalten kann, die ich zunächst sehr umständlich anpacke, und ich muss mich natürlich auch seinen Vorstellungen und Gewohnheiten anpassen, die er bei der Ausführung der Stallarbeit hat:

„Wir machen das so, Dani ...!"

Das ist der meist gehörte Satz in diesen Tagen. Aber da ich es ja ohnehin nicht besser weiß, bin ich eine anpassungsfähige und lernwillige Schülerin. Ich lerne zum Beispiel, dass Kühe in den heißen Sommerwochen gleich morgens wieder in den Stall möchten und dann ungeduldig muhend vor der Tür herumlungern, statt die schönen Almwiesen abzugrasen. In der Hitze werden sie von lästigen Bremsen und Fliegen geplagt und ein schattiges Plätzchen ist auf der offenen Almfläche nicht leicht zu finden. Die Penetranz, mit der sie ihr Anliegen durch Muhen kundtun, ist erstaunlich. Doch nicht nur damit, sondern besonders durch die kontinuierlichen Verdauungsausscheidungen direkt vor der Hütte treiben sie ihre Sennerin zum Wahnsinn. Schließlich unterbreche ich mein Frühstück auf der Terrasse und lasse die Damen schon am frühen Vormittag wieder hinein. Gerne sehe ich das nicht, denn je länger sie tagsüber im Stall sind, desto mehr Arbeit habe ich am Abend – es sammelt sich nämlich eine ganz beachtliche Menge Kuhmist an!

Gummistiefel gehören ab jetzt zu meiner Arbeitskleidung.

Nachdem die erste Scheu überwunden ist, wird unser Umgang immer vertrauter.

Kleine und große Herausforderungen

Die Kühe in den Stall lassen – etwas, das so einfach klingt, ist für mich eine der größten Herausforderungen der ersten Wochen. Es bedeutet, dass nach dem Öffnen der Stalltür die großen und schweren Tiere mit imposanter Geschwindigkeit in den Stall drängen, um so rasch wie möglich zu ihrem Kraftfutter zu kommen. Mein Reflex sagt mir eigentlich, ich solle schnell verschwinden, um nicht überrannt zu werden, aber ich muss ja sofort zur Stelle sein, sobald eine Kuh an ihrem Platz angekommen ist. Sie sollte angehängt werden, bevor ihre Kraftfutterration aufgebraucht ist, weil sie sich sonst an den Leckereien der Nachbarin zu schaffen macht. Das kann leicht zu Streit führen. Ich werde hektisch. Es ist Bewegung im Stall, die Tiere sind gierig auf ihr Futter und tänzeln hin und her, ich muss schnell sein.

Um die Ketten zu schließen, muss ich meine beiden Arme um den Hals der Kuh schlingen, und das kostet mich anfangs all meinen Mut. Denn es bedeutet, Körper an Körper und Kopf an Kopf zu sein mit den Tieren. Ich habe Angst, mit ihren Hörnern in Konflikt zu geraten oder zwischen zwei Kuhkörpern eingeklemmt zu werden. In der ersten Zeit bedeutet das Einlassen jedes Mal einen Adrenalin-Kick und Herzklopfen. Ich sinke erschöpft zusammen, wenn alle Kühe schließlich friedlich an ihren Plätzen stehen und Ruhe einkehrt.

Rückblickend betrachtet ist es eine kleine Aufgabe, die ich bis zum Ende des Sommers problemlos in den Tagesablauf integriert habe, ohne einen

Gedanken daran zu verschwenden. Doch zu Beginn fordert es all meine Konzentration und eine kleine Rauferei unter den Damen oder eine Platzverwechslung, die ich zu spät bemerke und die dann zu Unruhe bei den Betroffenen führt. Diese bringt mich so aus der Fassung, dass ich den Tränen nahe bin.

Aus dem Eventmanagement bin ich es gewöhnt, flexibel auf unvorhergesehene Situationen zu reagieren – aber mein Repertoire an Handlungsmöglichkeiten ist in diesen neuen Situationen noch zu beschränkt, als dass ich mir souverän zu helfen wüsste. Kühe sind eben nicht so einfach zu bedienen wie ein Computer – es gibt keine Pauschalanleitung im Umgang mit ihnen. Sicherlich hat die ein oder andere meine anfängliche Unsicherheit gespürt und die Gelegenheit beim Schopfe gepackt, um über die Stränge zu schlagen und die Grenzen auszuloten. Und nach einigen Tagen tritt eines meiner Horrorszenarien ein. Ich erlebe es, wie es sich anfühlt, wenn einem eine etwa 700 kg schwere Kuh auf die Zehen tritt. Natürlich ist es keine Absicht von Zitta, der „Täterin". Ich versuche gerade, ihr die Kette umzulegen, als es zu einer kleinen Rauferei zwischen ihr

Ich muss den Kühen zeigen, wer der Chef im Stall ist.

und ihrer Nachbarin Scheck kommt. Zitta weicht aus und mein Fuß steht unglücklich im Weg, als sie ihr rechtes hinteres Bein wieder auf den Boden abstellt. Unglücklicherweise bemerkt sie die neue Unterlage nicht und bleibt erst einmal stehen, während ich schreiend auf ihr Hinterteil schlage und versuche, sie wegzuschieben. Bis auf einen enormen Schreck ist mir nichts passiert. Die Klauen der Kühe sind glücklicherweise relativ weich und der Bauer lacht mich sogar aus.

Solche Zwischenfälle sind nicht so ungewöhnlich. Meine Nachbarsennerin Theresia zum Beispiel wird von einer Kuh mit dem Fuß getreten, als sie beim Melken am Boden kniet. Mehrere Tage sieht man die blauen Flecken am Brustbein und eine Wunde am Kinn. Aber Theresia nimmt es gelassen, und während ich mich nach diesem ersten Zusammenstoß den Tieren noch vorsichtiger nähere, geht es bei ihr weiter, als wäre nichts passiert.

Kühe verstehen lernen

Nach ein paar Tagen Sonnenschein werden wir vom Regen überrascht. Und zum ersten Mal haben es die Kühe am Mittag gar nicht mehr eilig, in den

Stall zu kommen. Da aber auf unserer Alm die Regelung besteht, dass alle Tiere spätestens am frühen Nachmittag und dann bis zum Abendmelken im Stall sein müssen, gehe ich pflichtbewusst los, um sie bei dem nassen Wetter draußen zu suchen. Wie ich es beim Bauern und den anderen Sennerinnen abgeschaut habe, treibe ich sie, semi-professionell meinen Hirtenstock schwingend, nach Hause. Fast ist es geschafft, doch drei fehlen noch. Ich finde die Kühe an der Nachbarhütte, wo sie ihre Köpfe unters Vordach strecken, als würde sie das vor dem Regen schützen. Der Anblick lässt mich schmunzeln, aber das Lachen vergeht mir rasch, als ich feststellen muss, dass sie wie angewurzelt stehen bleiben und keinerlei Reaktion zeigen auf meine Bemühungen, sie nach Hause zu bewegen. Ich frage mich, ob es möglicherweise eine Illusion ist, ohne Stockeinsatz auskommen zu wollen. Ich weigere mich nämlich anfangs, die Tiere mit dem Stock zu treiben, auch wenn die Hiebe von einem vergleichsweise kleinen Wesen wie mir so einem Koloss vermutlich wenig anhaben können.

Jedenfalls versuche ich nun mit Anschieben und guten lockenden Worten, die drei Damen in den Stall zu bringen, was nur sehr langsam und mühsam gelingt. Eine Stunde später bin ich vom Regen völlig durchnässt, erschöpft und verzweifelt. Ich nehme die Ignoranz der Kühe tatsächlich persönlich und sehe meine Autorität untergraben. Erschwerend kommt hinzu, dass ich bei meinem peinlichen Spektakel zwei Wanderer als Zuschauer bekomme, die sich vor dem Regen unter mein Vordach geflüchtet haben. Anstatt eine fähige Sennerin zu erleben, werden sie Zeugen

Da waren's nur noch zehn – das Liserl

meiner Unbeholfenheit, was den Ärger auf mich selbst noch mehr steigert.

Von Hochs und Tiefs ...

Das ist eine typische Situation für die ersten Tage, die ein emotionales Wechselbad sind. Immer wieder habe ich das Gefühl der Unfähigkeit und des absoluten Versagens, wenn ich beispielsweise zum wiederholten Mal erfolglos versuche, aus den Zitzen Milch zu pressen oder wenn ich die Milchkanne wieder einmal falsch zusammengebaut habe. Ausgeglichen werden diese Momente auf der anderen Seite durch die Erfolgserlebnisse, die mich froh und stolz machen. Nach wenigen Tagen kann ich meine Damen bereits von den anderen Kuhherden auf der Alm unterscheiden und kenne jede einzelne bei ihrem Namen, worauf mein Bauer Hans besonders viel Wert legt – denn:

„auch eine Kuh will mit Namen angesprochen werden."

Ich lerne, höre und erfahre so viel in den ersten Tagen, dass mir der Kopf schwirrt. Ich möchte alles sofort umsetzen können und ärgere mich, wenn es nicht klappt. Kühe sind Lebewesen mit eigenem Willen – das hatte ich womöglich unterschätzt. Aber ich habe sie letztendlich alle unendlich lieb gewonnen und ich glaube, sie mich auch. Und das, obwohl ich schließlich doch mit dem Hirtenstock nachgeholfen habe!

Seit meiner Ankunft ist eine meiner elf Kuh-Damen krank – die Lisa, die im Stall ganz vorne links ihren Platz hat. Sie kann ihr entzündetes und bis zum Kniegelenk geschwollenes, rechtes Hinterbein nicht mehr belasten und geht deshalb nicht mehr mit den anderen auf die Weide.

Jeden Tag beim Melken leide ich mit ihr, wenn sie ihren zwar abgemagerten, aber noch immer mindestens 600 kg schweren Körper auf nur drei Beinen hochwuchten muss und man ihr die Qualen und Schmerzen deutlich ansieht. Die Milchausbeute bei ihr wird jeden Tag geringer, aber sie wird bald *kalbern*, also ein Kälbchen bekommen. Bis dahin sind es nur noch zwei Monate und der Bauer möchte sie gerne wieder fit sehen, schon allein um das Kälbchen zu retten, das er verkaufen will.

Zweimal täglich versorgen wir ihren wunden Fuß, kühlen und bepinseln ihn mit schwarzem Steinöl – ein Wundermittel, wie mein Bauer Hans sagt. Aber das Wunder will nicht kommen. Nach vielen Tagen Krankenstand und mehrmaligen Besuchen vom Tierarzt kommt kurz und knapp das Urteil:

„Di mias ma wegdoa!"

„Die (Kuh) müssen wir wegtun!" Ich versuche dem Gespräch zu folgen und zweifelsfrei zu interpretieren, was damit wohl gemeint ist. Aber es ist genau das, was ich befürchte, und noch am selben Tag kommt mein Bauer Hans in Begleitung seines Sohnes mit dem Traktor samt Anhänger, um Lisa abzuholen. Mein Mitleid treibt mir die

Tränen in die Augen. Ich finde es unfair, dass sie jetzt geschlachtet werden soll, obwohl es eigentlich noch nicht ihre Zeit ist und sie einen neuen Almsommer hätte erleben sollen, aber vor allem ist es traurig, dass auch ihr Kälbchen im Bauch jetzt sterben muss. Das alles erscheint mir hart und ungerecht, auch wenn ich weiß, dass sie in ihren sieben Almsommern schon ein sehr schönes Leben hatte im Vergleich zu manch anderer Kuh, die in den Schlachthof kommt.

Am schlimmsten sind die Qualen, die sie auf dem letzten Gang noch zu ertragen hat. Theresia kommt von der Nachbarhütte zu Hilfe und zu viert quälen wir die humpelnde Lisa mit Strick, Stock und gutem Zureden, mit Schieben und Ziehen in den Traktorhänger. Mir ist übel, wenn ich sehe, wie sie sich auf drei Beinen auf dem unebenen Gelände vor der Hütte unter Schmerzen quält, und wir brauchen fast eine Stunde, die kaum zehn Meter von ihrem Platz im Stall bis zum Anhänger zu überwinden. Nicht nur mir stehen Tränen in den Augen, sondern auch dem

armen Liserl – Kühe können wirklich weinen. Wir können ihr nicht helfen. Immerhin versichert mir der Bauer, dass sie am Schlachthof im Anhänger den Gnadenschuss erhalten und dann mit dem Kran ans Ziel kommen würde – ein kleiner Trost, dass dies hier wirklich ihre letzten Qualen waren.

Da waren's nur noch zehn – dachte ich! Doch weit gefehlt! Am Nachmittag, als ich gerade bei Theresia zum Kaffee auf der Terrasse sitze, um die Ereignisse des Vormittags noch einmal zu besprechen, hören wir wieder näher kommende Traktorengeräusche. Der Bauer ist auf dem Weg zur Hütte. Und dieses Mal dient der Anhänger nicht dazu, eines der Tiere mitzunehmen, sondern im Gegenteil: Er bringt Zuwachs für meinen Stall – und was für einen!

Solange sie gesund sind, genießen die Kühe ein schönes Leben auf der Alm.

Zuwachs im Stall – die Kälbchen kommen

Lisas Abschied ist also der Tag, an dem die Kälbchen bei mir einziehen. Die vier Kleinen sind ungefähr ein halbes Jahr alt und waren bisher beim Bauern im Tal geblieben, weil ich mich zunächst an die Kühe gewöhnen sollte. Aber jetzt scheint wohl der Zeitpunkt gekommen zu sein, mich mit den kleinen Kuhmädels zusammenzubringen. Vielleicht ist aber auch die Gelegenheit günstig, weil der Anhänger sowieso schon für die Fahrt zum Schlachter ausgeliehen ist. Als der Bauer den Traktor vor der Hütte abstellt, dröhnt aus dem Anhänger lautes Kuhgeschrei. Wir öffnen die Laderampe und sehen, wie sich in der hintersten Ecke vier kleine Kälbchen verstört aneinanderdrängen. Das widerspenstigste unter ihnen hat sich schon an der Wand des Anhängers seine Hörneransätze blutig geschlagen und den Kopf so an das Hinterteil der anderen gedrängt, dass es nicht nur blutüberströmt ist, sondern auch noch die Kuhfladen der Kolleginnen auf dem Kopf trägt. Was für ein Anblick!

Keine der vier sieht nun ein, freiwillig herauszukommen, um unbekanntes Terrain zu betreten. Also müssen wir handgreiflich werden, um die angsterfüllten, sich sträubenden und immerhin über 150 kg schweren Tiere aus dem Anhänger zu bewegen. Mit jedem einzelnen von ihnen müssen wir dafür einen regelrechten Nahkampf führen. Als wir am Stalleingang ankommen, gilt es, unbeschadet an den Kühen vorbeizukommen, die mit ihren Hörnern den Neuankömmlingen demonstrieren wollen, wer hier der Chef ist. Das fördert natürlich nicht unbedingt die Bereitschaft der vier Kälbchen, sich in ihr neues Zuhause zu wagen.

Ich befürchte das Schlimmste für die nächsten Tage und fühle mich den kleinen Rackern nicht gewachsen. Aber der Bauer beruhigt mich und

Laura

Laura ist mein Lieblingskälbchen. Sie ist die Blondine unter den vieren und in ihrer Art niedlich, anhänglich und immer zum Kuscheln bereit. Ich spüre, dass sie mich wirklich gerne hat. Manchmal bleibt sie noch bis zu einer halben Stunde nach dem „Auslass", also nachdem die Kühe am Abend draußen sind und ich noch im Stall mit Ausmisten und Putzen beschäftigt bin, an der Stalltür stehen. Dann streckt sie muhend, fordernd ihren Kopf herein, bis ich sie kraule und fest umarme.

versichert mir, dass sie sich schnell eingewöhnen werden. Tatsächlich – nach etwa einer Woche finden sie durch den schmalen Gang selbstständig an ihre Plätze in der hintersten Ecke des Stalls. Nur das Anbinden erfordert trotzdem jedes Mal ein Kräftemessen zwischen uns fünf. Es herrscht großes Gerangel, bis jede von ihnen am richtigen Platz steht und ich die Kette an ihren Halsriemen eingehakt habe. Da ich nicht in der gleichen Gewichtsklasse spiele, muss ich mich ziemlich anstrengen, um mich zu behaupten.

Freche Racker

Natürlich wird es im Laufe des Sommers auch so einige Momente geben, in denen die Kälber nicht pflegeleicht und handzahm sind. Es kommt vor, dass sie auf halbem Weg im Stall die Schnauze lieber über drei Holzlatten hinweg in den versteckten Futtereimer stecken und im schmalen Durchgang ein Häufchen fallen lassen, obwohl man dort mit der Schaufel nicht richtig sauber machen kann. Oder sie büxen aus, wenn die Kühe noch nicht im Stall sind, um aus deren Futterrinnen Kraftfutter zu stibitzen. Viel Geduld und Anstrengung sind nötig, um sie im Zaum zu halten, denn die kleinen frechen Racker sind nicht zu unterschätzen, und es platzt mir auch mal der Kragen, wenn sie mir zu sehr auf der Nase herumtanzen.

So sind sie, meine vier Mädchen: freche kleine Kinder eben, die allerlei Unsinn im Kopf haben und regelmäßig ihre Grenzen austesten wollen. Die meiste Zeit sind die vier auf der Alm unterwegs, da sie nicht jeden Tag zu bestimmten Uhrzeiten in den Stall müssen wie die Kühe zu ihren Melkzeiten. Aber in der Regel kommen sie im Laufe des Nachmittags selbstständig nach Hause, werden von mir eingelassen, freuen sich über eine Handvoll *Leck* und ruhen ein paar Stunden, bevor es wieder auf Entdeckungsreise geht. Das *Leck* bezeichnet umgangssprachlich eine Mischung aus Kraftfutter und Salz. Früher, erzählt mir Klara, bestand es aus Salz und Heublumen, die aus dem Restheu vom Winter durch eine Windmühle herausgefiltert wurden.

Namen für die Kälbchen

Nach dem Abendmelken, wenn die Kühe aus dem Stall sind, geht es dann auch für Wildfang, Distel, Hannerl und Laura wieder hinaus. Und damit sind wir beim nächsten Thema – den Namen! Eigentlich ist es üblich, den Tieren erst einen Namen zu geben, wenn sie zum ersten Mal besamt werden. Aber bei den vier Kälbchen darf ich eine Ausnahme machen und der Bauer akzeptiert meinen Eifer bei der Namensgebung schmunzelnd.

Wildfang

Wildfang ist die Dunkelste und die Älteste. Mit einem Glöckchen versehen, spielt sie tatsächlich die Anführerin und ist mit Abstand die Mutigste der Viererbande. Wie der Name sagt, zeichnet sie sich durch ihr sehr ungestümes Wesen aus, was sich darin äußert, dass sie wie ein Hund freudig auf ihr bekannte Menschen zurennt und dabei leider oft ihre Kraft und die Wirkung ihrer kleinen Hörneransätze unterschätzt. Besonders unangenehm kann das werden, wenn man selbst gerade im Steilhang Halt sucht und Wildfang von oben freudvoll zur Begrüßung angelaufen kommt – in solchen Fällen muss man sie leider mit dem Stock bremsen – quasi aus Notwehr.

Distel

Distel ist ein bisschen heller in der Farbschattierung des Fells als Wildfang und hat braune Augenringe. Ihren Namen verdankt sie ihrem sehr störrischen Willen, der bis zur Selbstzerstörung führen kann. Das ist von der ersten Begegnung an klar – sie war diejenige, die sich bei der Anfahrt die Hörner blutig geschlagen und am meisten gekämpft hat, um sich der neuen Umgebung zu erwehren. Und sie ist auch die Einzige, die bis zum Ende des Sommers auf Distanz bleibt, sich nicht streicheln lässt und nur in den Stall geht, wenn es ihr passt. Selbst wenn das unter Umständen bedeutet, mehrere Stunden draußen im Regen warten zu müssen.

Hannerl

Hannerl ist mit ihrem goldgelben Fell die nächste in der Farbpalette. Ich habe sie nach meiner kleinen Schwester Johanna benannt, aber im Gegensatz zu ihr ist das Kälbchen Hannerl eine kleine liebe Mitläuferin, unauffällig und brav. Doch manchmal überwiegt ihre Neugierde und sie verlässt die Viererbande, um abenteuerlustig allein über die Alm zu streifen. Doch sobald die Entdeckungslust wieder schwindet und sie bemerkt, dass sie den Anschluss an die anderen verloren hat, ist das Geschrei jedes Mal groß. Ihr Muhen tönt herzzerreißend verzweifelt über die Alm, bis sie das Glöckchen von Wildfang wieder gefunden hat.

Wildfang, Distel, Hannerl und Laura – das sind sie, meine geliebten Schützlinge, die wie halbstarke Jugendliche den ganzen Sommer gemeinsam über die Alm streifen, die Welt erkunden und sich manchmal mit den Kälbchen von Theresia zusammentun. Ich freue mich immer wieder über den putzigen Anblick, den sie bieten, wenn sie im Gänsemarsch Richtung heimatlichen Stall traben. Sie machen einen rundum glücklichen Eindruck. Mich diesen kleinen Tieren so nahe und zugehörig zu fühlen, von ihnen wahrgenommen und gebraucht zu werden, gehört auf jeden Fall zu den schönsten und glücklichsten Momenten, die ich auf der Alm erleben darf.

Einsam ist anders – meine Almnachbarn

Die Trainsalm ist eine Gemeinschaftsalm mehrerer Bauern aus Thiersee, von denen in diesem Jahr fünf ihre Tiere aufgetrieben haben. Nur in einem Fall erledigen die Altbauern selbst die Arbeit hier oben. Bei den anderen kümmert sich jeweils eine Sennerin um das Vieh mit partieller Unterstützung der Bauern bei der Melkarbeit.

Theresia ...

In der Hütte gegenüber von mir wohnt auch eine bayerische Sennerin, Theresia, mit der sich im Laufe des Sommers eine sehr wertvolle Freundschaft entwickelt, die auch die Almzeit überdauern wird. Obwohl sie mit ihren 24 Jahren sozusagen das Nesthäkchen ist, hat sie eine Menge mehr Erfahrung als ich, denn sie verbringt schon ihren dritten Sommer als Sennerin auf einer Alm.

Theresia ist gewissermaßen die geborene Bäuerin. Selbst auf einem Bauernhof im Landkreis Rosenheim aufgewachsen, der wie aus dem Bilderbuch zu sein scheint, hat sie den Meisterbrief in ländlicher Hauswirtschaft. Kein Wunder, dass sie ein Profi ist – sie kann melken, mit Kühen umgehen, sie kennt die Krankheiten der Tiere sowie die Heilmittel dagegen, sie weiß über Almkräuter und sämtliche Hausmittelchen Bescheid, die man auf der Alm brauchen kann und bringt mir bei, aus Wurzeln, Moos und Almblumen schöne Gestecke zu binden.

Theresia kennt das Almleben bereits in allen Facetten und ich suche oft bei ihr Rat.

Theresia hilft mir immer, wo sie kann – auch ungefragt und selbstverständlich. Wir verbringen viel Zeit zusammen und gehen fast jeden Morgen gemeinsam los, um unsere Herden zum Melken zu holen. Einmal komme ich erst am späten Nachmittag vom Großeinkauf aus dem Tal zurück, zerknirscht und mit schlechtem Gewissen, weil die Kühe längst im Stall sein sollten. Ich habe schon die stichelnden Bemerkungen der anderen Sennerinnen im Ohr und sehe mich in Gedanken die Kühe in Windeseile zusammentreiben. Doch welche Überraschung: Als ich an meiner Hütte ankomme, liegen alle meine Damen friedlich auf ihren Plätzen im Stall – Theresia hat Heinzelmännchen gespielt.

... und ihre Tiere

In Theresias Stall, beim *Moar-Bauern*, stehen zwanzig Kühe. Dazu sechs Kälbchen und ein sogenanntes *Almkälbchen*, das hier oben zur Welt kam, und nicht zu vergessen, das *Facke* (Schweinchen) Liserl. Das kleine Ferkel ist ein spektakulärer Alm-Mitbewohner, der oft für Begeisterung bei den vorbeikommenden Wanderern sorgt.

Liserl wurde von Theresia im zarten Alter von acht Wochen auf die Alm gebracht und bis sie im Herbst als leckerer Schweinebraten auf den Tisch kommen wird, verbringt sie eine wunderbare Zeit mit uns in den Bergen und etabliert sich als idealer Verwerter all unserer Küchenabfälle.

Nur die Unterbringung des kleinen Liserls gestaltet sich zunächst nicht so einfach. Die *Moar-Kühe* haben zuvor noch nie so ein rosarotes, quiekendes Geschöpf gesehen und aus Scheu weigern sie sich, an der neuen Mitbewohnerin vorbei in den Stall zu gehen. Das Schwein muss also aus dem Blickfeld der Kühe verschwinden. Lisa zieht in den kleinen Holzverschlag bei den Kälbchen, die von der neuen Nachbarin begeistert sind und ihr viele Liebkosungen schenken. Da die neue Behausung keine Türe hat und wir die 50 kg Lebendgewicht nicht herausheben können, muss das Ferkel die ersten Wochen im Stall verbringen. Schließlich lässt sich Theresias Bauer Seppi erweichen und baut ein Gatter ein. Endlich kann das Liserl über die Alm streifen. Für die ersten Schnuppertouren im Freien binden wir ihr eine Leine um den Bauch, aber schon nach ein paar Tagen darf das Liserl sich frei auf den Wiesen bewegen. Ich lerne übrigens, dass Schweine Sonnenbrand bekommen können und darf Lisa mit Sonnenmilch Lichtschutzfaktor 25 eincremen. Die Höhensonne ist nicht zu unterschätzen! Liserl findet zu Theresias Leidwesen besonderen Gefallen an dem schönen, kleinen Almgarten, den sie an ihrer Hütte mühevoll angelegt hat und in dem

Rucola, Salatköpfe, Tomaten und Kräuter gedeihen. Trotz Umzäunung dringt das kleine Schwein immer wieder ein und lebt sein tiefes Bedürfnis nach Wühlen und Buddeln in den Blumen- und Gemüsebeeten aus. Zu Beginn des Sommers leben bei Theresia auch noch drei Hühner, von denen zwei nach wenigen Wochen das Zeitliche segnen. Nachdem das eine Huhn unglücklich von der Mauer gestürzt und in der Güllegrube ertrunken ist, stirbt das zweite wenige Tage später – vermutlich aus Liebeskummer. Daraufhin übergibt Theresia die übrig gebliebene Henne Josefa an Nachbarin Klara, um weitere Selbstmorde zu verhindern. In Klaras kleinem Hühnerstall findet Josefa Anschluss bei den Hühnern Afra und Kunigunde, die sich über die neue Gesellschaft freuen.

Klara

Klara ist die 62-jährige Rentnerin aus Thiersee.
Bis zu ihrer Pensionierung war sie als Sach-
bearbeiterin bei Riedel Glas in Kufstein tätig und
feiert in diesem Jahr ihr dreißigstes Sennerinnen-
jubiläum auf der Trainsalm. Die allerersten Almerfahrungen aber hat sie als Jugendliche auf der
Alm ihrer Eltern gemacht und weiß deshalb viele
Geschichten vom Almleben aus alten Zeiten zu
berichten.

Bis zu ihrer Pensionierung hat Klara hier nur
während ihres Urlaubs als Sennerin ausgeholfen
und erst seit fünf Jahren verbringt sie den ganzen
Sommer mit den Tieren. Klaras Hütte liegt oberhalb von allen anderen auf der Alm, was ihr ganz
recht ist, denn dadurch hat sie das Geschehen
und Treiben mithilfe ihres Fernglases bestens im
Blick und kann alle denkwürdigen Momente mit
der Kamera festhalten. So sammelt sie Stoff für
die Almzeitung, die sie jedes Jahr im Herbst beim
gemeinsamen Almessen präsentiert. Bei Klara
erfährt man immer alle Neuigkeiten und Ge-
rüchte, die man sich am besten bei Kaffee und
den leckeren, kalorienreichen Almnüssen, einer
Art Schmalzgebäck, zu Gemüte führt. In Klaras
Stall gibt es fünfzehn Kühe, fünf Kälbchen und
ein kleines Stierkälbchen, das im Juli zur Welt
gekommen ist. Klara ist immer emsig und unstet.
Wenn kein Kaffeeplausch am Nachmittag ansteht,
befreit sie die Almwiesen von den hohen Marien-
und Kugeldisteln, die sich rasant verbreiten oder
putzt mit Schaufel und Besen den Forstweg vor
ihrer Hütte, um die spitzen Steine zu entfernen,
die den Kühen unter den Klauen schmerzen.

*Klara ist umtriebig, neugierig und sehr reiselustig und
kennt von USA bis Australien einige Ecken dieser Welt.
Und aus all diesen Ecken kommen auch im Laufe des
Sommers immer wieder Bekannte, um ihr einen
Besuch abzustatten.*

Die Sennerfamilie

Da ihre Bauernfamilie den Betrieb aufgegeben hat
und Klaras ehemalige Hütte an Feriengäste verpachtet ist, teilt sie sich in diesem Sommer die Arbeit mit der Familie Anker aus Kufstein. Das Mu-
siker-Ehepaar mit drei Kindern übernimmt im
August für drei Wochen die Hütte, in der sie
schon seit elf Jahren ihre Sommerferien verbringen. Papa Hans ist Kontrabass-Lehrer in Innsbruck und eigentlich der Senner hier. Er sorgt für
die Kühe und übernimmt die Melkarbeit. Seine
Frau Sunhild, außerhalb der Almzeit Cellistin und

Der zehnjährigen Ursula und dem achtjährigen Gabriel merkt man rasch an, dass sie bisher jeden Sommer ihres jungen Lebens auf der Alm verbracht haben. Sie helfen tatkräftig und vor allem geschickt bei allen Aufgaben rund um die Tiere mit und haben keinerlei Scheu im Umgang mit ihnen.

zurzeit in erster Linie Mutter, kümmert sich um die kleine Lea, die gerade einmal eineinhalb Jahre alt ist. Ich freue mich, wenn mich die beiden großen Kinder Ursula und Gabriel am Abend zur Stallarbeit besuchen und dabei manchmal ihre Freunde mitbringen. Ich staune, in welch kurzer Zeit sie meine Kühe mit Namen kennen, sie voneinander unterscheiden können und sich schnell ihre Lieblinge auserkoren haben. Meine Tiere lassen sich durch fremde Menschen im Stall nicht aus der Ruhe bringen und ich glaube, dass sie die Fürsorge der Kinder zu schätzen wissen, denn die tapferen Stallhelfer befreien sie schließlich von den lästigen Zecken. Es bricht ein regelrechter Wettbewerb unter den Kindern aus, wer am meisten von diesen Schmarotzern findet. Aus allen Ecken des Stalls sind immer wieder freudige Rufe zu hören, wenn eine ganz besonders dicke, mit Blut vollgesaugte Zecke besiegt und mit dem Gummistiefel zerstampft werden konnte.

Auch beim Schaufeln und Fegen halten meine kleinen Helfer bis zum Schluss durch und scheuen keine Anstrengung. Gabriel entwickelt einen ganz besonderen Ehrgeiz und verbietet seiner großen Schwester sogar nach getaner Arbeit, den Stall noch einmal mit den dreckigen Gummistiefeln zu betreten, damit alles sauber bleibt. Am Ende kommt die Lohnauszahlung in Form eines Griffs in meine Süßigkeitenschale im Milchkammerl.

Auch außerhalb der Stallarbeit haben wir viel Spaß miteinander, bemalen zusammen Holzscheite, die wir im Stall und in der Küche aufhängen oder als Namensschilder für meine Kälbchen verwenden, und wir veranstalten einen elternfreien Spieleabend in meiner Küche. Nach den drei Wochen Kurzalmsommer der Familie gibt es noch ein gelungenes und sehr geselliges Abschiedsessen in ihrer Hütte und ich nehme ihnen das Versprechen ab, mich in diesem Sommer mindestens noch einmal zu besuchen.

Marei

Gleich hinter meiner Hütte ist die nächste Nachbarin: Marei, die in diesem Sommer ihren 85. Geburtstag feiert. Sie ist die Oma der Bauernfamilie, der ihre Almhütte gehört, und sie kümmert sich hier um fünf Kühe, drei Kälbchen und ein kleines weißes Kätzchen, das während der Almzeit für Nachwuchs sorgt. Mit der Sense bewaffnet, mäht Marei auf den abschüssigen Weideflächen die Brennnesseln ab, die sich die Kühe in getrocknetem Zustand sehr gerne schmecken lassen. Nur für die Melkarbeit kommt Hilfe von unten aus der Familie. Die Sache mit der Melk-

Marei hat vermutlich die meisten Almsommer von uns allen auf dem Buckel. Mit ihren 85 Jahren hat sie keine Probleme, in Kittelschürze, mit Kopftuch und Hirtenstock ausgestattet auch die steilsten Hänge zu erklimmen, um ihre fünf Kühe in den Stall zu treiben.

Sohn Michei kommt regelmäßig vorbei, um seinen Eltern bei der Stallarbeit zu helfen oder an sonnigen Tagen in der Jausenstation die zahlreichen Gäste zu bewirten.

anlage ist ihr viel zu kompliziert und ich höre ihr gerne und mit Staunen zu, wenn sie von den Zeiten berichtet, als sie als junges Mädchen noch mit Melkschemel und Kanne mit der Hand auf der Weide gemolken hat. Es ist oft Besuch aus der Verwandtschaft da und die kleine Enkelin Sonja bleibt während ihrer Ferien auch gerne über Nacht. Verständlich, denn es ist wirklich urgemütlich in ihrer Almhütte und Mareis Nusszopf oder ihr selbst gebackenes Brot können sich sehen lassen. Jeden Abend läutet sie die Glocke der kleinen Kapelle, die in der Mitte all unserer Almhütten steht, um zum Rosenkranzgebet zu rufen.

Greti und Mich

Die Hütte am unteren Ende des kleinen Almdorfs ist die Jausenstation, die von dem Bauernehepaar Greti und Mich betrieben wird. Sie sind die einzi-

gen, die als Bauern selbst die Alm bewirtschaften, während einer der Söhne sich um den Hof im Tal kümmert. Dreizehn Kühe und drei Kälber gilt es zu versorgen und ich bewundere Greti, die kleine und drahtige Frau, die sich für ihr Alter beachtlich behände durchs Gelände bewegt, um das Vieh heimzutreiben.

Immer donnerstags ist *Tiroler Tag* in der Jausenstation und die Wanderer, die diesen Geheimtipp kennen, kommen zahlreich, um von Gretis herrlichen, in Schmalz ausgebackenen Nudeln zu probieren, die man sich, frisch und warm, entweder deftig mit Kraut oder süß mit Apfelmus schmecken lassen kann. Ihr Mann Mich kümmert sich unterdessen um die Unterhaltung der Gäste und spielt mit seiner Harfe ein paar volkstümliche Melodien.

Greti ist eine herzliche Gastgeberin, wenn auch zurückhaltend und wortkarg. Umso lauter, aber nicht weniger herzlich ist dafür Sohn Michei. Wenn es am Abend in irgendeiner Hütte ein Glaserl Wein gibt oder ein Bier aufgemacht wird, ist Michei bestimmt nicht weit, denn eine gesellige Runde auf der Alm würde er sich nicht entgehen lassen.

An manchen Tagen ist auch Hans aus Kiefersfelden mit von der Partie, der mit seinem weißen Haarkranz und strammen Wadeln in der knielangen Lederhose bei jedem Wetter barfuß unterwegs ist. Er hat immer seine Ziehharmonika dabei und sorgt für zünftige Almmusik, sodass ich manchmal wirklich das Gefühl habe, in einem sehr kitschigen Heimatfilm mitzuspielen. Aber nein – es ist alles echt und nicht inszeniert. Das gehört eben dazu – zum Leben auf der Alm.

Die Arbeit auf der Alm – ein Knochenjob

Ich hatte mir vorgenommen, meine Zeit auf der Alm auszunutzen und so oft wie möglich auf das Trainsjoch, unseren Hausberg, zu steigen. Ich wollte alle Wege in der Umgebung erkunden und auch die mehrstündige Wanderung zum Brünnstein hat mich gelockt.

Als ich Theresia in den allerersten Tagen von meinen Plänen erzähle, runzelt sie die Stirn und fragt mich etwas skeptisch, wie ich das schaffen will. Aber ich bin guter Dinge. Eine naive Einstellung, wie sich schnell zeigt, denn die Arbeit hier ist hart genug, und ich brauche alles andere als ein zusätzliches Sportprogramm. Ich bin zwar grundsätzlich sportlich und sicherlich nicht untrainiert hier angekommen, doch die körperliche Belastung jeden Tag geht mir an die Substanz. Hügel hoch und Hügel runter beim Kühe holen zweimal am Tag. Arm- und Rückenmuskeltraining beim Milchkannen schleppen sowie beim Melkgeschirr waschen morgens und abends. Ein Ganzkörper-Workout der besonderen Art nach dem Abendmelken beim Fegen des Stalls und beim Schippen der mehreren Kilo Kuhmist mit einer Schaufel, die auch ohne Ladung schon so schwer ist, dass ich sie kaum hochheben kann. Das alles ist anstrengender als ich mir vorgestellt habe. Meine Handinnenflächen entwickeln schon nach den ersten Tagen raue *Schrunden* und dicke Hornhaut.

In der ersten Zeit kann ich mich vor Muskelkater am ganzen Körper kaum bewegen und habe unerträgliche Rückenschmerzen. Aber die Arbeit muss jeden Tag wieder aufs Neue getan werden – also heißt es, Zähne zusammenbeißen und weitermachen.

Hütte und Stall sauber zu halten, erfordert Fitness und Ausdauer.

Höhentraining

Und tatsächlich gewöhnt sich mein Körper an die Anstrengungen und ist nach diesem Sommer so fit und gesund wie selten. Ich bin nicht ein einziges Mal krank, obwohl ich bei Wind und Wetter, bei Regen und Schnee draußen beim Kühe eintreiben herumlaufe, bis oft auf die Unterwäsche nass werde und danach im zugigen Stall bei den Eutern hocke und melke. Aber Bergluft und Arbeit stärken mein Immunsystem. Die Höhe bewirkt unter anderem eine Zunahme der roten Blutkörperchen, was die Aufnahme- und Transportfähigkeit von Sauerstoff im Blut erhöht. Deshalb gehen Sportler ins Höhentrainingslager. In meinem Fall ist Almzeit eine Art natürliches Doping, das noch lange nachwirkt. Nicht nur, dass ich rundum zufrieden bin mit meiner Figur, an der ich nach dieser Zeit nicht ein Gramm überschüssiges Fett zu bemängeln habe – was für Frauen nun wirklich eine Besonderheit ist. Ich bin auch in den zwölf Folgemonaten nicht ein einziges Mal krank und überstehe den ersten Winter meines Lebens ohne Schnupfnase. Aber natürlich fordert diese Fitness auch ihren Einsatz und die Erschöpfung bleibt nicht aus. Besonders ab dem Zeitpunkt als ich für alles alleine verantwortlich bin und der Bauer nur noch einmal in der Woche nach dem Rechten sieht, komme ich zuweilen an meine Grenzen. In meinem Übereifer schaffe ich mir trotzdem zusätzliche Aufgaben: zum Beispiel mehrere Kilo Johannisbeeren oder Pfirsiche vom Hof des Bauern einzukochen, im Tal beim Heurechen mitzuhelfen, ein kleines Beet anzulegen oder das Geländer zu reparieren.

Mein Tatendrang scheint grenzenlos zu sein und ich muss erst lernen, dass der Rhythmus auf der Alm sehr wohl den kleinen Mittagsschlaf vorsieht, den sich auch die anderen Almleute gönnen. Die Erschöpfung ist dennoch anders als nach stressigen Bürotagen und am Abend stellt sich stets das befriedigende Gefühl ein, etwas geschafft und sinnvolle Arbeit geleistet zu haben.

Hauptsache Melken

Was mir allerdings zu schaffen macht, ist der Chemikalieneinsatz beim Waschen des Melkgeschirrs. Die Mittel greifen trotz Gummihandschuhen meine Hände an. Meine rechte Hand ist schließlich so ausgetrocknet, dass die Haut an allen Fingergliedern aufspringt und blutet. Erholung gibt es keine – zweimal am Tag muss das

Melkgeschirr abwechselnd mit Säure und Lauge gewaschen werden, um Milcheiweiß, Milchstein und Fett zu lösen. Auch der Milchtank muss jeden zweiten Tag gereinigt werden. Dazu kommt das übliche Geschirrspülen in der Hütte. Die Anzahl an Cremes, Hausmitteln und Salben, die ich in diesem Sommer ausprobiere, ist beträchtlich. Ein besonderes Kuriosum für mich ist mein *Melkfinger*! Das heißt, mein rechter Zeigefinger, den ich zum *Anmelken* benutze, weist nach kurzer Zeit eine bräunlich gefärbte Hornhaut auf. Ich bin stolz darauf, denn schließlich zeigt es, dass ich eine richtige Sennerin bin, oder?

Ach ja – Melken. Ich melke mit Vakuumpumpe und Standeimer, das heißt, die Milch wird über die Melkmaschine in die Milchkanne gepumpt, die ich zwischendurch immer wieder ausleeren muss. Theresia und Klara haben auf der Alm eine modernere Melkmaschine, bei der die Milch über eine Leitung direkt in den Kühltank gepumpt wird. Aber ich beschwere mich nicht, denn Milchkannen schleppen hält fit.

Doch bevor die Milch in die Kanne kommt, ist einiges zu tun. Im Milchkammerl stelle ich das Melkzubehör zusammen. Die Deckel, Gummidichtungen und Schläuche müssen richtig auf den Kannen montiert sein und fest sitzen, sonst dringt Luft ein und das Vakuum funktioniert nicht. Ich bereite auch gleich einen Eimer mit warmem Wasser vor sowie einen alten Lappen, oder *Hodan*, wie es der Bauer nennt. Damit wasche ich die Zitzen der Kühe, die vor allem abends nach ein paar Stunden Stallzeit voller Kuhmist sind, der nicht in die Milch gelangen sollte.

Gut, dass ich nicht mit der Hand melken muss.

Zunächst wird die Kuh *a'gmotzt*, wie mein Bauer Hans das nennt, auf hochdeutsch *angerüstet* oder noch deutlicher formuliert *angemolken*. Dabei wird das Euter etwas massiert, was bei der Kuh die Ausschüttung des Hormons Oxytocin bewirkt, das die Milch in die Zitzen einschießen lässt. Ein paar Spritzer müssen jetzt mit der Hand gemolken werden, was mir besonders zu Beginn die meisten Schwierigkeiten bereitet hat. Beim Ausmelken wird die alte Milch aus den Zitzen entfernt. Gleichzeitig kann man beobachten, ob die Milch Verfärbungen aufweist oder flockig ist, was auf eine Euterkrankheit hindeuten würde. Ist alles in Ordnung und sind die Zitzen schön stramm, kann ich der Kuh das Melkgeschirr anlegen. Der Melkeimer wird über einen Schlauch an die Vakuumleitung angeschlossen, die an Haken und Drähten im Stall befestigt ist. Jetzt läuft alles von selbst und ich muss nur beobachten, wann der Milchfluss wieder nachlässt und die Kuh fertig gemolken ist. Bevor ich das Melkgeschirr abnehme, drücke ich es mit der Hand noch eine Weile nach unten, um den Saugeffekt zu erhöhen und auch den letzten Rest aus allen Vierteln zu melken.

Ich wusste zuvor nicht, dass ein Euter in vier Viertel eingeteilt ist, das jedes einzeln für sich gut ausgemolken werden muss. Eigentlich sehr logisch – schließlich hängen bei Frauen die Brüste auch nicht aneinander. Ich frage mich, ob ich im Biologieunterricht geschlafen habe oder ob mir das tatsächlich noch nie jemand erklärt hat.

Die Entdeckung der Langsamkeit – ein Unfall mit Folgen

Während meiner Einarbeitungszeit schufte ich tagelang ohne Pause und bin regelrecht hyperaktiv. Aber ich werde abrupt ausgebremst. Zehn Tage Almzeit und dann passiert der Unfall. Auf dem Hügel gegenüber meiner Hütte verläuft die österreichisch-deutsche Grenze. Dort oben direkt am Wetterkreuz ist der einzige Platz, um im deutschen Netz mit dem Handy nach Hause zu telefonieren: Sennerin-Dasein im 21. Jahrhundert! Als frischgebackene *Oimerin* dem tirolerisch-bayerischen Ausdruck für *Almlerin*, also die Frau, die auf der Alm arbeitet, bilde ich mir ein, dieses Hügelchen auch mit gewöhnlichen Turnschuhen erklimmen zu können. Auch die anderen Sennerinnen tragen keine Bergstiefel und ich will mich schließlich nicht lumpen lassen. Die Wanderschuhe bleiben zu Hause. Was für ein Leichtsinn! Ich telefoniere lange, denn die ersten Tage voller

Sennerin mit Krücken – kann das gut gehen?

Erlebnisse erfordern selbstverständlich eine ausgiebige Berichterstattung an die Daheimgebliebenen. Von meinem Platz am Wetterkreuz sehe ich den Milchtankwagen der Molkerei den Berg heraufkriechen. Das bedeutet für mich, dass jetzt Eile geboten ist, denn der Milchfahrer sollte nicht vor mir an meiner Hütte ankommen. Ich springe mit Barri, dem Hund des Bauern, der an diesem Vormittag bei mir geblieben ist, den Hügel hinab. Wir laufen und tollen durch die Wiese und Barri teilt meine Ausgelassenheit voller Freude.

Ausgebremst – ein Bänderriss!

Doch die von den Kühen ausgetretenen Terrassen in der Almwiese werden mir zum Verhängnis. Ich bleibe an einer Kante hängen, knicke um, höre ein lautes Krachen im linken Fuß und schon sitze ich am Boden und kann nicht mehr auftreten. Der Hund läuft verstört davon, und da er nicht Lassie ist, holt er leider auch keine Hilfe, sondern versteckt sich unter der Bank vor der Hütte, wie sich später herausstellt.

Gut, dass ich zum Telefonieren hier war und somit mein Handy dabei habe. Ich kann selbst Hilfe holen und rufe den Bauern an. Dabei kann ich mich kaum verständlich machen, weil ich vor Weinkrämpfen geschüttelt werde. Doch ich weine nicht aus Schmerz, auch wenn mein Knöchel höllisch weh tut, sondern vor Wut und Verzweiflung, dass mir dieses dumme Missgeschick ausgerechnet am Anfang meines Almsommers passieren muss.

Warum jetzt? Warum hier?

Auf allen Vieren krieche ich den Hügel hinunter bis zur Forststraße, wo mich der Bauer aufsammelt und zur Hütte bringt. Wir versuchen mit allen möglichen Hausmitteln, Almgewächsen und Quarkwickeln den Knöchel zu kühlen, aber die Schwellung wird immer schlimmer. Theresia fährt mich schließlich ins Krankenhaus, wo nach langen Stunden des Wartens in der Ambulanz die gefürchtete Diagnose wahr wird – vermutlich Bänderriss! Mit Gewissheit lässt sich nichts sagen. Durch Röntgen kann man nur einen Knochenbruch ausschließen.

Mit einem Paar Krücken und dem Hinweis, ich solle mich schonen, werde ich weggeschickt. In drei Tagen solle ich wieder kommen, um eine Gehschiene abzuholen. Ich bin bis dahin quasi bewegungsunfähig. Mit Krücken wird in meiner Almhütte sogar der Gang zum Klohäuschen eine große Herausforderung und in den Keller zu meinen Lebensmitteln komme ich gar nicht mehr. Der Bauer übernimmt das Melken und ich bin hilflos. Ich hatte doch alles auf eine Karte gesetzt, um meinen Traum zu realisieren und jetzt sollte es gleich wieder vorbei sein? Muss ich nach Hause fahren und das Projekt abbrechen?

Im Krankhaus bekomme ich meine Gehschiene, die ich in den kommenden sechs Wochen tragen soll. Sechs Wochen! Das ist fast die Hälfte meiner Almzeit! Warum kann mir das nicht während meines Bürojobs passieren? Warum jetzt? Warum hier? Ist es ein Zeichen, dass ich endlich ruhiger werden sollte? Die erste Woche habe ich mein Almleben

Meine Bergstiefel wären besser nicht zu Hause geblieben.

nicht genossen, sondern nur gearbeitet von früh bis spät. Jetzt bin ich zu Langsamkeit gezwungen und stelle zum ersten Mal fest, wie schön es ist, die Abendsonne zu genießen, den Kühen hinterher zu schauen und einfach nur vor der Hütte zu sitzen.

Dank der Gehschiene bin ich glücklicherweise wieder weitgehend einsatzbereit. Leider muss ich meine schönen dunkelgrünen Gummistiefel gegen hässliche lila Crocs eintauschen, aber ich kann immerhin im Stall arbeiten. Doch die hundertprozentige Belastung ist so schnell nicht möglich. Ich kann die Kühe nicht von der Weide ho-

Zeugnistag – von Keimen und Zellen in der Milch

len, da die erneute Verletzungsgefahr für meinen Fuß im Gelände zu groß ist. Also holt der Bauer die Tiere morgens und am Nachmittag helfen mir Theresia oder andere Nachbarn. Die Unterstützung, die ich erfahre, ist wirklich großartig. Dennoch kommen zwischenzeitlich Bedenken auf, ob ich der Arbeit in meinem Zustand auf Dauer gewachsen bin und ob ich wieder voll einsatzfähig sein würde. Es sieht kurzzeitig so aus, als müsste ich das Ganze abbrechen. Doch dann wendet sich alles zum Guten. Ich mache immer mehr Fortschritte und bekomme außerdem Unterstützung aus der Stadt: Mein Freund Frank nimmt sich einige Tage Urlaub, um mir die Tätigkeiten abzunehmen, die ich noch nicht machen darf, und der Bauer weiß seine Kühe mit diesem Senner-Team wieder zuverlässig und gut versorgt. Letztendlich denke ich sogar, dass es für die Heilung förderlich war, den Fuß die ganze Zeit zu belasten, anstatt nur zu schonen, wie ich es sicherlich im Büro getan hätte.

Außerdem bin ich tatsächlich etwas ruhiger geworden und habe gelernt, die Arbeit nicht mehr so ehrgeizig und verbissen anzugehen, sondern auch mal Pause zu machen, um die schönen Seiten des Almlebens zu genießen. Letztendlich und rückblickend haben sich alle Hindernisse und Unwegsamkeiten als Chancen entpuppt und mein Fuß wurde im Übrigen auch wieder ganz gesund.

Jeden zweiten Tag kommt der Milchfahrer oder *Milchführer*, wie er in Tirol genannt wird, weil „etwas transportieren" auf tirolerisch „führen" heißt, auch wenn dadurch für sensible und geschichtsgeplagte Deutsche teilweise komische Begriffe entstehen, wie eben der *Milchführer*. Dass hier auch der Gruß „Heil" verwendet wird und der *Milchführer* mich mit „Heil Dani" begrüßt, sei als Kuriosität am Rande erwähnt. Auf der Trainsalm ist es Stefan, der die Milch abholt und mir jedes Mal zwei Sahnebonbons schenkt, sodass sich langsam ein kleines Süßigkeiten-Depot ansammelt, das zum Einsatz kommt, wenn mir die Nachbarskinder im Stall geholfen haben.

Stefan fährt das große Tankfahrzeug mit dem Schriftzug der *Tirol Milch* den schmalen Forstweg herauf, um in allen bewirtschafteten Hütten der Trainsalm die Milch abzuholen. Früher, als es noch keine Fahrwege gab, wurde die Milch aus den umliegenden Ställen in meine Hütte gebracht, in der damals über der Feuerstelle für alle gekäst wurde. In späteren Zeiten wurde dann eine Milchleitung gebaut, die am unteren Ende des Almdorfes ihren Anfang hatte, dort wo heute das kleine Bergwachthäuschen steht. Klara erzählt mir oft davon, wie sie die vollen Milchkannen in Steigen auf dem Rücken oder auf selbst gebauten Wägelchen über Stock und Stein zur Milchleitung bringen musste. Dort wurde die Milch zunächst abgemessen und die Anzahl der Liter auf eine kleine Tafel geschrieben, damit die Bauern ihre entsprechende Vergütung bekommen konnten. Um zu verhindern, dass sich in den Rohren Dreck ablagerte, lief kontinuierlich Wasser durch die Leitung. Auf diesem Wasser schickte

Bei der Melkarbeit ist Sorgfalt gefragt.

Stichwort Milch

Die Milch muss bei mir auf der Alm nicht nur Bio und von glücklichen Kühen sein, sondern auch noch viele weitere Anforderungen erfüllen, von denen ich bis dahin als einfacher Konsument noch niemals gehört hatte. Gelagert wird die Milch in dem Kühltank im Milchkammerl. Da das Stromaggregat nur zweimal am Tag läuft, muss die körperwarme Milch in dieser Zeit soweit heruntergekühlt werden, dass sich die Temperatur im Lauf des Tages nicht über sechs Grad Celsius erhöht, sonst könnten sich unerwünschte Keime bilden. Wenn Stefan mir den großen Absaugschlauch durchs Fenster ins Milchkammerl reicht und aus meinem Tank die paar hundert Liter Milch, die sich dort in den letzten zwei Tagen angesammelt haben, innerhalb kürzester Zeit einsaugt, dann wird gleichzeitig auch die Temperatur gemessen. Wäre die Milch zu warm, würde er sie erst gar nicht mitnehmen. Gleiches gilt für den Hemmstofftest, der noch während des Absaugens gemacht wird und der überprüft, ob zu viele Chemikalien durch das Waschen des Melkgeschirrs in die Milch gelangt sind.

man ein paar Schaumstoffkügelchen zur Ankündigung, bevor man die Milch in das Rohr kippte, sodass unten die Auffangbehälter vorbereitet werden konnten.

Aufgefangen wurde die Milch in einer kleinen Milchhütte neben dem Wirt im Tal, wo die Kannen dann für die Molkerei abgeholt wurden. Doch die Leitung konnte langfristig nicht die notwendige Milchqualität sichern und musste schließlich aufgrund der strenger werdenden Hygienebestimmungen und vermehrten Vorschriften abgeschafft werden. Also wurde in den späten 1980er Jahren der Weg ausgebaut und die Milch wird bis heute ganz hygienisch jeden zweiten Tag um halb elf Uhr abgeholt.

Ich wasche das Melkgeschirr morgens mit Säure und abends mit Lauge, um den Milchstein zu lösen und die Keime abzutöten. Diese Chemikalien müssen mit klarem Wasser so gut wie möglich wieder entfernt werden, worauf ich auch sehr achte. Wie viele dieser Stoffe durch die extremen Hygienebestimmungen und das exzessive Waschen, das sich ja in der Molkerei bei der Weiterverarbeitung fortsetzt, dennoch in unsere Milch gelangen – man will es vermutlich lieber nicht wissen!

Mit Zittern und Bangen

Fünf Mal im Monat nimmt Stefan eine Probe, um weitere Anforderungen an die Milchqualität zu überprüfen. Die Tage, an denen er mir die Probenbenachrichtigung aushändigt, sind für mich wie in der Schule der Zeugnistag. Denn die Probenergebnisse zeigen die Qualität meiner Arbeit schwarz auf weiß. Habe ich schlechte Ergebnisse, gibt es Abzüge beim Milchgeld und das gefällt meinem Bauern gar nicht – das hat er mir schnell klar gemacht. Also ist es immer ein Zittern und Bangen, wenn Stefan mir den DIN-A5 großen weißen Zettel in die Hand drückt und ich halb verstohlen ängstlich, halb neugierig hoffnungsvoll auf die Ergebnisse schiele: Das erste Ergebnis auf dem Zettel zeigt die Keimzahl. Keime gelangen beim Melkvorgang in die Milch und vermehren sich zum Beispiel ungünstig stark durch schlechte Kühlung oder mangelnde Sauberkeit. Grober Dreck wird zwar durch den Filter aufgefangen, den ich auf den Tank setze, bevor ich die frische Milch hineinschütte, aber um eine geringe Keimzahl zu gewährleisten, ist vor allem Sorgfalt gefragt: vom Reinigen des Euters bis hin zum Waschen aller Utensilien, die mit der Milch in Berührung kommen.

Die Obergrenze für die Milch der Güteklasse 1, die ich abliefern soll, sieht maximal 50.000 Keime pro Milliliter vor. Ich schaffe es, den ganzen Sommer lang zwischen 5.000 und 15.000 Keimen zu bleiben – das ist für mich in etwa so wie eine Eins im Zeugnis. Neben der Keimzahl wird auch die Anzahl der Zellen gemessen. Damit sind weiße Blutkörperchen und Gewebezellen des Euters gemeint. Eine erhöhte Zellzahl ist für den Menschen nicht schädlich, aber weist auf eine Erkrankung des Euters hin, die durch eine falsche Melktechnik oder schlechtes Ausmelken des Euters ausgelöst werden kann.

Um festzustellen, ob eine Kuh eine erhöhte Zellzahl in einem Viertel des Euters aufweist, muss ich den *Schalmtest* machen. Dafür melke ich einen kurzen Strahl Milch in eine flache, weiße Schale mit vier Mulden, entsprechend der vier Viertel des Kuh-Euters. Dann füge ich ein paar Tropfen einer chemischen, blauvioletten Testflüssigkeit hinzu und schwenke die Schale, sodass sich die Flüssigkeiten vermischen können. Wenn sich jetzt in einer der Mulden dicke Schlieren oder Flocken bilden, ist in dem entsprechenden Viertel des Euters etwas nicht in Ordnung. Das ist mir glücklicherweise in diesem Sommer kein einziges Mal passiert.

Milch und Gesetz

Die gesetzlichen Bestimmungen, wie hoch die Zahl der Zellen in der Milch sein soll oder darf, sind in Deutschland, Österreich und der Schweiz unterschiedlich. Für meine Milch ist eine Obergrenze von 250.000 Zellen pro Milliliter erlaubt. Gegen Ende des Sommers, wenn die *Laktationszeit* der meisten Kühe zu Ende geht, sie also weniger Milch geben, wird es schwieriger, eine gute Zellzahl zu erreichen. Die Menge an Zellen bleibt gleich, während sich die Milchmenge verringert, sodass der prozentuale Zellanteil pro Milliliter natürlich höher wird. Trotzdem schaffe ich es stets unter 150.000 zu bleiben, eine Zahl, mit der auch

Melken ist viel mehr als nur die Melkanlage anschließen.

mein Bauer Hans sehr zufrieden ist. Zu Recht, wie sich später herausstellt, denn zu meinem ganz großen Stolz haben wir als einer von mehreren Betrieben in Tirol von der Molkerei das Milchgütesiegel für besonders hohe Milchqualität erhalten. Neben Zell- und Keimzahl wird übrigens auch noch der Gefrierpunkt der Milch gemessen, um auszuschließen, dass Wasser untergemischt wurde, sowie der Harnstoff, Eiweiß- und Fettanteil, nach dem sich zum Teil auch die Höhe des Milchgelds richtet. Aber darauf hat meine Arbeit keinen Einfluss, denn Eiweiß- und Fettgehalt sind abhängig vom Futter der Kühe, und das suchen sie sich auf der Alm ja selbst.

Melken ist eben mehr als unter der Kuh sitzen oder die Melkanlage anschließen. Das Waschen des Melkgeschirrs und die Reinigung des Milchkammerls sowie die Kühlung der Milch auf die richtige Temperatur dauern um ein Vielfaches länger als der eigentliche Melkvorgang. Grundsätzlich ist Sorgfalt bei der Produktion eines Nahrungsmittels wichtig. Aber sind all diese Bestimmungen sinnvoll? Ist es wirklich wichtiger, fast keimfrei zu arbeiten und dafür Reste von Chemikalien in der Milch zu akzeptieren? Warum haben eigentlich die Menschen früher die Milch und den Käse ohne all diese Regelungen vertragen und der heutige Konsument nicht mehr?

Ungeliebte Mitbewohner – ein Güllewurm kommt selten allein

Ich wohne alleine in meiner Almhütte, zumindest ohne menschliche Mitbewohner, was tierische Gesellen nicht ausschließt. Der Juli ist extrem heiß und die lästigsten Tiere in dieser Zeit sind, neben einer Ameiseninvasion und zahlreichen Spinnen, die Fliegen, die sich mit ihrem penetranten Surren vorzugsweise über herumstehendes Essen hermachen. Als die Plage überhand nimmt, werden Fliegenfänger installiert. Wo immer man etwas befestigen kann, hänge ich gelbe lange Klebestreifen auf, die mit einem speziellen Lockstoff präpariert sind. Es dauert nicht lange und die gelben Streifen färben sich schwarz vor lauter Fliegen.

Im Mist verbergen sich unangenehme Mitbewohner.

Und gerade in dieser hochsommerlichen Hitze kommt noch ein ganz besonderes Tierchen dazu: Meine erste Begegnung mit ihm ist auf der Toilette. Für mich sieht es aus wie eine Art Kaulquappe, die in der Schüssel schwimmt und nicht besonders appetitlich wirkt. Als ich Theresia von diesem seltsamen Tier erzähle, folgt direkt ein halb amüsierter, halb angeekelter Aufschrei:

„Ah, host du jetz a de Odelwürmer!"

Ja, ich hab' sie jetzt wohl also auch, die *Odelwürmer* (oberbayerisch), *Heislwürmer* (tirolerisch, von Heisl = Häuschen) oder zu hochdeutsch Güllewürmer. In der wissenschaftlichen Fachsprache werden sie Rattenschwanzlarven genannt und das sagt ja nun wirklich alles. Die Ähnlichkeit dieser merkwürdig graubraunen Würmchen mit einer Kaulquappe ist nicht zu leugnen, denn an ihren ovalen glitschigen Körper von etwa einhalb Zentimeter schließt sich ein mindestens genauso langer Schwanz an. Dieser Schwanz ist in Wirklichkeit eine Art Schnorchel, durch den sie atmen können, während sie in der Güllegrube untergetaucht sind. Ich stelle bald fest, dass ein Güllewurm selten alleine kommt. Ganze Hundertschaften machen sich von der Güllegrube auf den Weg, um nach einem trockenen Ort zu suchen, den sie richtigerweise im Stall vermuten. Dort verpuppen sie sich, um nach gewisser Zeit völlig verwandelt als niedliche und harmlose Mistbiene zu schlüpfen. Die Mistbiene ist eine sogenannte „falsche Biene", die zu den Schwebefliegenarten zählt. Als Nektarsammlerin spielt sie in den hohen Lagen, in denen echte Bienen selten sind, für die Pflanzenbestäubung eine wichtige Rolle. Doch bis zur Verwandlung vom hässlichen Entlein in den Schwan wird der Stall von einer regelrechten Völkerwanderung überfallen: aus der Güllegrube durch die Güllerinne in den Stall.

Dem Himmel sei Dank, bleibe ich selbst von der ganz großen Plage verschont. Aber die Massen dieser gummiartigen Wurmgeschöpfe, die sich bei Theresia durch die Mistrinne und an den Stallwänden hochkämpfen, sind beeindruckend. Dazu kommt, dass sich dann natürlich der eine oder andere auch mal in Küche, Toilette oder Milchkammerl verirrt. Erlöst werden wir von dieser Invasion erst, als die Bauern endlich die Güllegruben leeren, um damit die Almwiesen zu düngen.

Clemens und andere Mäuse

Ein weiterer Mitbewohner fühlt sich vor allem zwischen Keller und Stall zu Hause. Clemens, die kleine Spitzmaus, die sich ohne Scheu und Vorsicht durch meine Hütte bewegt. Auch von diesem Untermieter bin ich nicht sehr begeistert und direkt nach der ersten Begegnung stelle ich eine

Vom Güllewurm zur Mistbiene – was für eine Verwandlung!

Falle auf, die aber konsequent, trotz wechselnder Befüllung mit Leckereien wie Speck und Butter, ignoriert wird. Die Maus läuft in aller Seelenruhe zwischen meinen Füßen hindurch und an der Mausefalle vorbei. Ich bin sehr verwundert, bis mir der Bauer erklärt, dass Spitzmäuse Insektenfresser und keineswegs Schädlinge sind. Wie peinlich! Ich baue also zerknirscht die Mausefalle wieder ab und taufe den kleinen Kerl Clemens, den Sanftmütigen, um meine Akzeptanz dieses Mitbewohners für mich selbst zu untermauern.

Gegen Mitte August machen sich aber plötzlich echte Hausmäuse bemerkbar. Mit ständigem Gekratze und Getrappel in der hölzernen Wandverkleidung stören sie meinen verdienten Schlaf und bedienen sich im Rahmen zunehmender Nestbauambitionen an sämtlichen meiner persönlichen Essensvorräte im Keller. Unbeeindruckt von jeglicher Verpackung fressen sie sich durch das komplette Sortiment, und als ich keine unversehrte Lebensmittelpackung mehr im Keller finde, versuche ich die Erreichbarkeit meiner Vorräte für Mäuse zu erschweren. Ich lagere die Nahrungsmittel in Plastikwannen, die ich auf zwei große Steine stelle und verpacke alles in Tüten und Plastikschüsseln. Aber selbst diese Hürden überwinden sie. Nach einer Weile entdecke ich sogar, dass eine komplette Tüte Nudeln mit fünfhundert Gramm Füllgewicht leer gefuttert ist. Bei so einer optimalen Versorgungslage ist die kontinuierliche Vermehrung der Sippschaft natürlich vorprogrammiert.

Um diesem Treiben endlich Einhalt zu gebieten, gehe ich wieder auf die Jagd und stelle halbherzig

Die Mäuse machen mir die Vorräte streitig.

ein paar Mausefallen auf. Nur selten tappt eine hinein und irgendwie bin ich auch froh darüber, denn tote Mäuse aus Fallen zu entfernen ist etwas, worauf ich getrost verzichten kann. Aber eines steht fest: Der mäusesichere Kühlschrank ist für mich ab jetzt die genialste Erfindung des 20. Jahrhunderts!

Mit Musik gegen Marder

Außer den Mäusen hat sich mit dem nahenden Herbst ein weiterer unangenehmer Geselle eingeschlichen, der zwar meine Vorräte in Frieden lässt, mir aber dafür nächtelang den Schlaf raubt: Ein Marder ist auf dem Dachboden über meinem Schlafzimmer eingezogen. Das nachtaktive Tier rumort so laut, dass ich irgendwann entnervt und völlig erschöpft auf die Schlafcouch in meiner kleinen Küche umziehe, um wieder ein Auge zutun zu können. Etwa eine Woche genieße ich den ungestörten Schlaf auf meinem neuen Nachtlager.

Dann beschließt ein Teil der Mäusegroßfamilie, sich in die Holzverkleidung der Küche einzunisten, und es ist wieder vorbei mit der Ruhe. Also wird die große Marderdefensive gestartet.

Als mein Freund Frank am folgenden Wochenende zu Besuch kommt, hilft er mir, alle Schlupflöcher, durch die der Marder vom Stall auf den Dachboden gelangen kann, mit Brettern zu verschließen. Da wir nachlesen, dass Marder sehr lärmempfindlich sind, lasse ich zusätzlich ein paar Nächte lang mein batteriebetriebenes Radiogerät direkt an der Holzverkleidung laufen. Tatsächlich tragen diese Maßnahmen Früchte. Die Geräusche sind weg. Und ich höre Beschwerden aus der Nachbarhütte über ein katzenähnliches Tier, das dort nachts rumoren würde. Schmunzelnd, aber natürlich ohne einen Hauch Schadenfreude, stelle ich fest, dass der Marder sich wohl ein neues Zuhause gesucht hat.

Geliebte Mitbewohner – ich werde Katzenmama

Ja, wo is denn as Katzerl?
Ja wo is denn da Schned?
Ja, wo is denn d'Tschurimuri
Ge, jag mas net weg!

Aber natürlich gibt es auch nette Mitbewohner in meiner Hütte, die ich als willkommene Gäste sehe. Dazu gehört das Vogelpärchen, das unter meinem Vordach sein Nest hat und in meinen Augen so ähnlich aussieht wie Bachstelzen, auch wenn ich mir das mitten in den Bergen nur schwer erklären kann.

Die anderen Mitbewohner hole ich mir selber ins Haus. Wie alles im Leben hat auch die Mäuseplage ihre guten Seiten – so wächst mein Wunsch, ein paar lebendige Mausefallen in Gestalt von Katzen im Haus zu haben. Nachdem ich wochenlang gequengelt habe, lässt sich Hans, mein Bauer, erweichen. Er fährt mit mir zu einem Hof im Dorf, auf dem es kleine Katzenkinder im Überfluss gibt, weil keine der Hofkatzen kastriert ist.

Als wir ankommen, drängen sich die Katzen auf dem Hof in Scharen aneinander: kleine Kätzchen, große Kätzchen, alle laufen und springen davon – und alle sind völlig zerrupft, menschenscheu und haben tränende und verkrustete Augen. Irgendwie ist es anders, als ich mir das vorgestellt hatte. Aber dennoch – ich will jetzt keinen Rückzieher mehr machen. Die Bäuerin meint zwar:

Mikesch und Emmi zwischen Skepsis und Neugierde.

„Aungtropfan wärn gwies ned schlächt, wenn s'd oa host"

„Augentropfen wären nicht schlecht, wenn du welche hast", aber sonst werde ich beschwichtigt, dass den Katzen sicher nichts fehlt. Welche von den Kleinen ich will? Eine schwierige Frage, denn es ist kaum mehr eine zu sehen, nachdem sich alle vor Angst aus dem Staub gemacht haben. „Äh – irgendeine schwarze", stammele ich unsicher und füge hinzu „und bitte bloß keine rote!" Ich mag nämlich keine roten Katzen!

Meine kranken Katzenkinder.

Also zieht der Jungbauer seine dicken Arbeits-handschuhe über, greift sich ein beißendes und schreiendes schwarz-weißes Kätzchen und stopft es in einen Karton. Jetzt das zweite – eine schwie-rige Angelegenheit, denn die einzige einigerma-ßen fitte Katze, die noch zu sehen ist, ist eine rote. Mein Bauer Hans, der Jungbauer und die Altbäuerin warten ungeduldig auf meine Ent-scheidung. Am liebsten würde ich gar keine zweite mitnehmen. Aber das war die Abma-chung. Dann eben die rote. Oh je, die beißt und kratzt und wehrt sich noch schlimmer als die erste. Rein in den Karton, Löcher reinbohren und ab damit auf die Alm. Ich bin schrecklich aufge-regt und nach einer ausgiebigen Diskussion mit dem Bauern darf ich die Kiste auf den Schoß neh-men, auch auf die Gefahr hin, dass die Kätzchen vor Angst ihre Blase entleeren müssen und der Beifahrersitz darunter leidet.

Die ersten Stunden des Schreckens

Ich habe noch nie Katzen *gezähmt*, und ich kannte bisher lediglich handzahme und kuschelige Haus-kätzchen. Das Einzige, was ich weiß und was mir auch die Bäuerin noch mit auf den Weg gegeben hat, ist der Tipp, dass man sie erst an das neue Heim gewöhnen muss, bevor sie ins Freie dürfen. Zurück in meiner Almhütte öffne ich den Karton so vorsichtig und ängstlich, als wäre es die Büchse der Pandora. Das Chaos kann beginnen. Die Kleinen haben panische Angst und verstecken sich in den hintersten Ecken unter dem Sofa, hin-ter dem Herd sowie unter den Treppenstufen. Sie wagen sich nur dann hervor, wenn ich nicht da bin, was ich an ihren Spuren erkennen kann, die

sie in Form von Durchfallflecken in der ganzen Hütte, auf dem Sofa und auf dem Boden hinter-lassen. Den ganzen Tag bin ich nur mit Putzen und Desinfizieren beschäftigt. Ich lege die ge-samte Hütte mit Zeitungspapier aus. Schließlich entdecke ich auch ihr Geheimversteck im Inneren des Klappsofas, das inzwischen auch mit Kot kontaminiert ist, und bin langsam ratlos. Beide fangen sofort an zu fauchen oder zu kratzen und ergreifen die Flucht, sobald ich mich ihnen nä-hern will. Am liebsten würde ich sie wieder zu-rückbringen, denn auch die Augenkrankheit sieht, aus der Nähe betrachtet, doch viel schlimmer aus als auf dem Hof. Statt süßer Schmusekatzen, die mein Mäuseproblem beheben sollten, stehe ich jetzt da mit zwei völlig verwahrlosten, verwilder-ten und kranken Katzenkindern.

Einmal drüber schlafen

Doch zu meiner großen Überraschung wendet sich das Blatt relativ schnell und es kommt einfa-cher als gedacht. Wir müssen nur alle eine Nacht darüber schlafen. Am nächsten Tag lassen sich die Kätzchen langsam anfassen und bis zum Abend sind sie zahm und sogar stubenrein. Ich kann es selbst kaum fassen. Aus den fauchenden und krat-

Mikesch erkundet die Umgebung.

Mehrmals täglich muss ich die verklebten Augen auswaschen, die die Kleinen sonst gar nicht mehr öffnen könnten. Ich verabreiche Medizin, Augentropfen und Entwurmungskuren – die Katzenpflege entwickelt sich zu einer zeitintensiven Tätigkeit.

Eine Krankheit jagt die nächste und wir durchleiden noch einige schlimme Tage, als Emmi, die kleine Rote, so von Bauchkrämpfen geplagt wird, dass sie sich nicht mehr bewegen kann und nur noch wimmert. Es bürgert sich ein, dass Stefan, der Tierarzt, wenn er bei einem meiner Nachbarn im Stall ist, auch noch bei mir vorbeischaut, um nach den schnurrenden Vierbeinern zu sehen. Und dank der Tipps von Stefan und meiner geduldigen und unermüdlichen Pflege entwickeln sie sich gut. Als Emmi in der letzten Almwoche ihre erste Maus fängt, die sie allerdings vor Schreck gleich wieder frei lässt, bin ich stolz wie eine Mama auf ihre Kinder.

zenden Biestern entwickeln sich kleine, anschmiegsame Kätzchen, die unglaublich viel Nähe und Streicheleinheiten brauchen. Schon am zweiten Abend schreien sie kläglich, sobald ich nur den Raum verlasse. Über die Wochen wird ihr zerrupftes Fell glatt und glänzend, die beiden knochigen und abgemagerten Tiere setzen langsam ein bisschen Fleisch an und werden richtig hübsch. Sie begreifen auch, dass ihnen ab jetzt niemand mehr das Futter streitig machen will, wie auf dem Bauernhof, und man deshalb nicht innerhalb von dreißig Sekunden den Napf leeren muss, nur um danach wieder alles von sich zu geben.

Sieben Leben

Die Krankheiten allerdings entwickeln sich nicht positiv. Zahlreiche Tierarztbesuche ergeben, dass die beiden ein Katzenschnupfenleiden haben – eine Krankheit, die tödlich verlaufen kann. Zwischenzeitlich sieht es so aus, als würde Mikesch, die schwarze Katze, nicht überleben. Es bricht mir fast das Herz, wenn ich sehe, wie sie sich quält und beim Niesen Blut aus ihrer Schnauze spritzt.

So genießen wir zu dritt die letzten Wochen auf der Alm. Belustigt beobachte ich, wie die Katzen sich jeden Tag wieder ein Stückchen weiter weg wagen, um unbekanntes Terrain zu erforschen. Als Lieblingsplatz haben sie schnell die Mauer der Güllegrube auserkoren, wo die Sonne bis zum Abend die Steine wärmt. Sie spielen in meinen Wanderschuhen Verstecken, trennen sich so gut wie nie voneinander und kommen immer wieder gerne, um mit mir zu kuscheln. Kurzum: Sie fühlen sich bei mir sichtlich wohl und zu Hause. Ich liebe meine beiden kleinen Mitbewohner und es ist mir ein Rätsel, wie ich jemals sagen konnte, dass ich keine roten Katzen mag!

Kühe, Küche und Kosmetik – Almalltag

Die Anfangsschwierigkeiten sind überwunden.
Die Kommunikation Sennerin – Kuh funktioniert.
Endlich finde ich Zeit, ganz in das Almleben einzutauchen.

Meine Kühe – im Stall wird geplaudert

Als ich gerade ein paar Tage auf der Alm bin, sagt ein Bekannter des Bauern zu mir, ich solle aufpassen, um nicht auch so wunderlich zu werden und mit den Tieren zu sprechen. Doch ich fühle mich ihnen schnell so nahe, dass es eine Selbstverständlichkeit ist, mit ihnen zu reden. Das erscheint vielleicht sonderbar, wenn man es nicht selbst gespürt hat. Ich kenne meine Katzen, Kälbchen und Kühe alle beim Namen und spreche mit ihnen als Lebewesen, die zwar vielleicht nicht den Sinn meiner Worte, aber ganz sicher den Tonfall erkennen. Ich bin sicher, dass sie unterscheiden können, ob ich gerade besänftigend oder wütend, wohlgesonnen oder gar traurig bin.

Mir ist klar, dass ich hier nicht die Realität der großen landwirtschaftlichen Betriebe beschreibe, wo die Tiere keine Namen, sondern Nummern haben. Im 21. Jahrhundert wird die Kuh wohl manchmal doch zum Computer. Mit Erstaunen höre ich die Erzählung eines Großbauern aus dem Chiemgau, der einmal auf meiner Alm zu Besuch ist. Seine Kühe tragen einen RFID-Chip am Halsband, auf dem programmiert ist, wann und wie viel Futter jede Kuh bekommt. Betritt die Kuh die Futterbox, leert sich automatisch die individuell vorprogrammierte Portion Kraftfutter in den Trog, als hätte jemand eine Münze in den Automaten geworfen. Alle Tätigkeiten vom Füttern bis zum Entmisten laufen ab, ohne dass es einen persönlichen und direkten Kontakt zum Tier gibt.

Auf der Alm ticken die Uhren anders

Bei uns hier oben ist das anders. Zwischen allen Almleuten und den Tieren besteht ein sehr persönliches Verhältnis. Wenn ich nachmittags durch den Stall gehe, in dem die Kühe ruhen,

Während die Melkmaschine läuft, ist Zeit zum Reden.

würde ich das niemals tun, ohne ihnen ein paar Worte zu widmen oder mindestens ein

„Schönen Nachmittag, die Damen!"

in die Runde zu rufen. Ich genieße es, hier auf der Alm ohne Zeitdruck zu sein und nutze diesen Luxus auch, um jede meiner schwergewichtigen Damen zu streicheln und mich mit ihnen zu beschäftigen, während die Melkmaschine läuft, was die eine mehr und die andere weniger zu schätzen weiß. Natürlich habe ich dabei meine Lieblinge, die mehr Streicheleinheiten bekommen als die anderen. Bevor ich zu melken beginne, ist es für mich eine Selbstverständlichkeit, jede Kuh wenigstens kurz zu begrüßen, um ihr zu signalisieren, dass es jetzt losgeht. Es ist doch unhöflich, ihr einfach so ohne Vorankündigung ans Euter zu fassen, oder? Welches weibliche Wesen würde das wollen? Eben – auch meine Kühe nicht!

Natürlich gibt es nicht nur nette Worte und Friede und Freude. Wie in jedem Zusammenleben fliegen auch bei uns die Fetzen im Stall. Ich schimpfe dann lauthals oder schlage mit dem Stock auf den Stallboden, um mich durchzusetzen. Will sich eine Kuh nicht zum Aufstehen bequemen oder sich gar mit angeschlossenem Melkgeschirr wieder hinlegen, dann hilft nur ein beherzter Tritt mit dem Gummistiefel in ihr Hinterteil. Ich kann mich inzwischen behaupten in meiner Rolle als Chefin und bin dabei gewiss nicht mehr so zimperlich wie zu Beginn. Ich fasse die Kühe nicht mehr mit Samthandschuhen an, aber ich würde

sie auch nie verletzen, denn ich respektiere die Tiere. Ich rede nicht aus Einsamkeit mit ihnen, sondern weil jede von ihnen ein Lebewesen mit Persönlichkeit ist, weil wir zusammen leben und arbeiten. Wie seltsam wäre es, wenn ich jeden Tag schweigsam im Stall meine Melkarbeit verrichten würde?

Kuh ist nicht gleich Kuh

Zu Beginn des Sommers kann ich mir kaum vorstellen, die Kühe jemals voneinander zu unterscheiden, denn für mich als gemeinen Stadtmenschen sehen alle auf den ersten Blick gleich aus – Kuh ist gleich Kuh, dachte ich. Aber natürlich ist jede von ihnen bei genauerem Hinsehen einzigartig und sie sind nicht schwerer voneinander zu unterscheiden als Menschen. Man muss sich nur auf andere phänotypische Eigenschaften einstellen. Zur Unterscheidung der Kühe gehört natürlich auch, ihre Namen zu kennen. Die Namensgebung der Kuh erfolgt, wenn sie ihr erstes Kälbchen bekommt, und dabei wird der Anfangsbuchstabe des Namens von der Mutter zum Jungvieh über Generationen hinweg weitergegeben.

Für manche Bauern kommen menschliche Namen wie Lisa oder Resi nicht infrage. Ich persönlich finde das nicht so frevelhaft, was man auch an der Namensfindung für meine Kälbchen sehen kann. Trotzdem leitet sich natürlich ein Großteil der Namen eher aus der Natur und der Umgebung ab, wie zum Beispiel Enzian oder Edelweiß, oder beschreibt äußerliche Auffälligkeiten wie bei Blonde, Muster oder Scheck.

Hier also meine Damen
in aller Ausführlichkeit

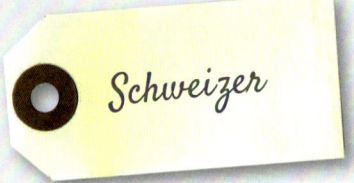

Die Schweizer (rechts) steht im Stall neben Frech (links) und die beiden pflegen eine liebevolle Nachbarschaft. Oft lecken sie sich voller Zuneigung gegenseitig den Hals, bis sie beide klatschnass sind.

Schweizer ist eine der beiden Glockenkühe und eine der Dienstältesten in meiner Herde, also etwa sieben oder acht Jahre alt. Eigentlich können Kühe bis zu zwanzig Jahre alt werden, was aber inzwischen relativ selten der Fall ist, da sie schnell zum Schlachter kommen, sobald sie nicht mehr „rentabel" sind. Grund für mangelhafte Rentabilität kann eine nur aufwendig zu heilende Krankheit sein, mehrere erfolglose Besamungen oder eine zu geringe Milchausbeute. Schweizer aber gibt eine Menge Milch und ist darüber hinaus eine zuverlässige Leitkuh. Sie kennt das Gelände besser als ich, denn sie hat schon viele Sommer hier verbracht, im Gegensatz zu mir.

Als eines Morgens der Nebel so dicht ist, dass die Sicht nur etwa einen halben Meter weit reicht, verliere ich völlig die Orientierung. Nur mit Mühe und Not kann ich unterscheiden, ob wir bergauf oder bergab laufen und mir ist schon ganz schwindelig von all dem Weiß um mich herum. Ich halte mich dicht hinter Schweizer, die uns alle zielsicher nach Hause führt und dafür all meine Anerkennung erhält.

Nur beim Melken haben wir hin und wieder Unstimmigkeiten, denn sie bevorzugt im Stall eher die liegende Position. Jeden Abend muss ich sie lange „motivieren", bis sie sich dazu bequemt aufzustehen, damit ich sie melken kann. Während des Melkens tänzelt sie ungeduldig hin und her, was mich ganz nervös macht und lässt sich, kaum ist das Melkgeschirr abgenommen, wieder auf die Stallbretter sinken.

Erkennungsmerkmale: Glocke und abgestoßenes Horn.

Frech

Blonde

Meine Blondine in der Herde.

Frech ist die Kleinste und Schmalste in der Herde. Sie ist pflegeleicht, lieb und angenehm zu melken, denn sie zappelt nie und ihre Milch schießt beim Anmelken zügig ein. Völlig problemlos eigentlich – wäre da nicht die Sache, dass sie *leer* ist, also nicht trächtig und somit für den Bauern langfristig nicht rentabel. Den ganzen Sommer warten wir vergeblich auf Signale, die zeigen, dass sie für die Besamung bereit ist, aber nichts geschieht. Warum das so ist – diese Auflösung werden wir erst im Herbst erfahren! Bis dahin vermute ich, dass sie ihren Schock aus dem letzten Almsommer noch nicht überwunden hat, als sie mitten auf der Almwiese Zwillingskälbchen zur Welt brachte, die leider der Adler vor dem Bauern entdeckte. Eine Geschichte ohne Happy End!

Für mich steht aber fest: Frech ist eine meiner Lieblingskühe. Man muss sie einfach gern haben und ich glaube, auch den anderen Kühen geht es so. Deshalb wird sie in der Herde wie das Küken behandelt und ich habe nicht ein einziges Mal gesehen, dass sie Streit gehabt hätte.

Blonde hat im Stall ihren Platz direkt hinter der Tür, die in meine Hütte führt. Anstandslos weicht sie aus, wenn ich hinein oder hinaus möchte.

Ihr Platz im Stall wird aber durch ihre Nachbarin Silber getrübt, die sie regelrecht mobbt und ihr bei jeder Gelegenheit die Hörner zeigt. Deshalb legt sich Blonde immer so weit von Silber entfernt ab, wie es ihre Kette erlaubt. Blondes beste Freundin hingegen ist Feigl, mit der sie sich regelmäßig von der Herde absondert, wenn alle auf der Alm unterwegs sind, vermutlich, um dann besser über die anderen lästern zu können.

Silber

Silber ist neben Schweizer die zweite Glocken-kuh. Sie trägt in diesem Sommer zum ersten Mal die Glocke und zwar mit großem Stolz und echter Ernsthaftigkeit gegenüber ihrer Rolle.

Das zeigt sich auch darin, dass Silber besonders auf dem letzten Stück Forstweg vor der Hütte kei-nerlei Überholmanöver der anderen Herdenmit-glieder duldet. Es ist ihr Recht, an der Spitze der Truppe voranzuschreiten und als Erste zum Kraft-futter in den Stall zu kommen. Sollte sich eine der anderen Kühe erdreisten, sich vor ihr in den Stall zu drängen, bekommt diejenige schnell Silbers stattliche Hörner zu spüren. Sogar ich habe ein bisschen Respekt vor ihr, was ich natürlich stets zu verbergen versuche, denn letztendlich bin ich die Chefin, und das soll sie auch wissen. Trotz ihres manchmal etwas ungestümen Wesens habe ich sie sehr ins Herz geschlossen.

Ich nenne Silber sogar meine „Paradekuh": Sie führt die Herde an, lässt sich sehr gut melken, gibt am meisten Milch und ist auch sonst stets gesund und vor allem formvollen-det und schön gebaut. Erkennungsmerk-male: Glocke und sehr helle Musterung.

Feigl ist der Tiroler Begriff für das Veilchen und vielleicht hat sie diesen Namen ihrem dunklen Fleck am Auge zu verdanken. An ihrer Statur kann es jedenfalls nicht liegen, dass man sie mit einem zarten Blümchennamen bedacht hat, denn ihr Bauch ist so dick, dass ich Zwillinge für den Herbst vorhersage, was sich natürlich als Fehlprognose herausstellen wird.

Feigl ist lange Zeit verletzt und lässt einige Behandlungen über sich ergehen. Zwischenzeitlich fürchte ich schon, sie würde dem Liserl bald zum Schlachter nachfolgen. Aber erfreulicherweise erholt sie sich und ist wochenlang ausschließlich im Doppelpack mit Blonde anzutreffen, die sich wie zwei unzertrennliche Busenfreundinnen verhalten.

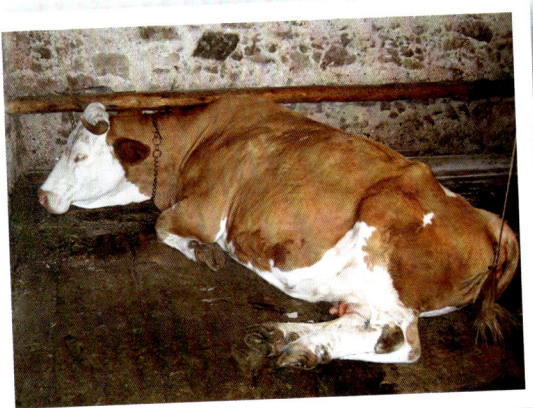

Feigls Erkennungsmerkmale: Ihre sehr beachtlichen Hörner, die geweihähnlich zur Seite abstehen und ein brauner Fleck am Auge, der sie ein bisschen asiatisch aussehen lässt.

Stöckl

Stöckl hat ihren Platz im Stall direkt am Eingang. Vermutlich liegt es an dieser günstigen Position, dass sie während des ganzen Sommers die meisten Liebkosungen von mir und allen anderen Besuchern bekommt. Das genießt sie auch sehr! Am liebsten lässt sie sich an ihren lustigen Haarlöckchen zwischen den Hörnern kraulen und hält dabei andächtig still.

Stöckl ist ein sehr pflegeleichtes Tier, gehorcht immer aufs Wort und genießt trotzdem ein großes Ansehen in der Herde, das sie aber nicht zur Schau trägt. Es scheint eher die Kategorie „natürliche Autorität" zu sein, die es ihr manchmal sogar erlaubt, noch vor den Leitkühen Silber und Schweizer in den Stall zu gehen, ohne Ärger zu bekommen.

Optisch kann ich Stöckl in den ersten Tagen nur schwer von ihrer Stallnachbarin Muster unterscheiden, obwohl ihre Löckchen doch ein eindeutiges Erkennungsmerkmal sind.

Muster

Muster ist in meinen Augen das Topmodel der Alm – auch im Vergleich mit allen anderen Kühen der Nachbarherden! Ihr hell gemustertes Fell glänzt immer schön wie frisch gestriegelt, ihr Körperbau ist sehr anmutig – soweit eine Kuh eben anmutig sein kann. Ihr Schwanz sieht immer aus wie frisch gekämmt und ist stets blütenweiß, während die anderen ihren gerne und oft durch den eigenen Dreck ziehen. Nicht zuletzt sind ihre Hörner formvollendet nach vorne geschwungen.

Sie ist nur manchmal etwas schreckhaft und hüpft verängstigt zur Seite, wenn ich beim Stallausmisten mit der Schaufel auf den Boden schlage. Ihre Ängstlichkeit setzt sich auch auf der Weide fort, denn die schöne Misstrauische lässt niemanden nahe an sich heran, auch mich nur selten – leider.

Muster ist die schönste von allen und eine meiner Lieblinge.

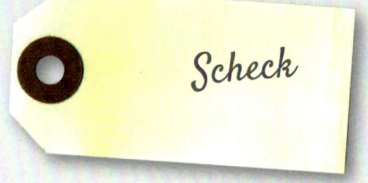

Nachdem Zitta und ich gleich in der ersten Woche ein unangenehmes Zusammentreffen haben, bei dem ihr linker hinterer Fuß auf meinen Zehen landet, ist unser Start nicht ganz so glücklich und unser anfänglicher Umgang von Misstrauen geprägt. Doch wir finden im Laufe des Sommers noch zueinander und schließen Freundschaft.

Meist trottet sie hinterher und kommt mehr als einmal als letzte in den Stall, was natürlich bedeutet, dass die Nachbarin schon von ihrem Kraftfutter stibitzt hat.

Scheck ist Zittas Nachbarin, die ihr Zuspätkommen hin und wieder ausnutzt und ihre Zunge ins Kraftfutter der Nachzüglerin steckt. Scheck hat ein dunkles Fell, das wild gemustert ist, woher natürlich auch ihr Name rührt.

In der ersten Woche schlägt sie mir beim Melken mit dem rechten hinteren Bein auf mein Knie. Auch wenn das keine Absicht und mein Knie nur ungünstig im Weg ist, als sie sich am Euter kratzen will, bin ich ein bisschen eingeschnappt. Am Ende des Sommers will sie sich plötzlich in die Freundschaft zwischen Blonde und Feigl drängen und erhält dafür von Blonde mehr als einmal eindeutige Hornstöße, die sie nicht sonderlich willkommen heißen.

In der Herde ist Zitta eher eine Außenseiterin und hat im Gegensatz zu den meisten anderen keine Verbündete oder Vertraute. Deshalb habe ich manchmal beinahe Mitleid mit ihr. Erkennungsmerkmal: Ihre Hörner sind an der Spitze leicht nach oben gekrümmt.

Scheck und ich werden zwar keine engen Freundinnen, aber wir respektieren uns. Erkennungsmerkmale: Gescheckt es Fell in relativ dunklem Farbton und kleine Hörner.

Kersch

Kersch ist die letzte im Bunde und steht ganz hinten in der Ecke des Stalls. Ihre Hörner und ihre Körpermasse sind ziemlich imposant und ich atme jedes Mal innerlich auf, wenn ich sie unfallfrei angehängt habe, obwohl sie im Grunde sehr handzahm ist.

Durch eine schwere Lungenentzündung geschwächt, musste sie im Juni ihre Glocke an Silber abgeben, die die Funktion mit großer Freude übernahm. Auch der Hochsommer läuft gesundheitlich nicht gut für sie. Aber darüber kann man im Kapitel über die kranken Kühe mehr nachlesen.

Kersch gehört zu den Dienstälteren und war bis in den Frühsommer auch als Glockenkuh im Dienst. Erkennungsmerkmale: ihr sehr imposantes, gekrümmtes Gehörn sowie die braunen Augenringe.

Kühe und Hörner – das sind keine Stiere

An dieser Stelle möchte ich mit einem städter-
typischen Missverständnis aufräumen: Ja, es ist
so – Kühe haben grundsätzlich immer Hörner!
Ich hatte das bis zu meinem Almsommer nicht
gewusst, wie vermutlich die meisten Wanderer
aus der Stadt. Trifft man doch auf seinen Berg-
touren einmal eine Herde mit und dann wieder
eine Herde ohne Hörner und so reimt man sich
unwissender Weise zusammen, es gäbe wohl
von Natur aus unterschiedliche Arten von Kühen.
In Wirklichkeit aber ist es so, dass immer mehr
Bauern die Hornansätze kurz nach der Geburt des
Kälbchens mit dem Brenneisen entfernen. Das
mag für den Menschen praktisch sein, aber ich
kann mir absolut nicht vorstellen, dass das für die
Tiere gut ist.

Hörner – ein schöner Kopfschmuck.

Zu Beginn des Sommers wird in der Herde die
Rangordnung ausgefochten und bei Gelegenheit
werden die Rangniederen immer mal wieder daran erinnert – und das alles mithilfe der Hörner.
Was machen dann Kühe ohne Hörner? Natürlich
haben auch diese Kühe Kämpfe und Rangeleien,
aber stoßen sich dabei mit dem hornlosen Schä-
del in die Seite, wodurch das Kälbchen im Bauch
der angegriffenen Kuh oder andere innere Organe
verletzt werden können.

zirkulieren". Dafür spricht die Tatsache, dass die
Hörner sich erwärmen, wenn die Kühe wiederkäuen und verdauen.

> „Das Kuhhorn ist ein verkanntes Stoffwech-
> selorgan."
> (Alfred Schädeli, Neues Handbuch Alp,
> Handfestes für Alpleute, Erstaunliches für
> Zaungäste, S. 90)

Wozu Hörner gut sind

Es gibt zahlreiche Theorien und Studien, die zu
erklären versuchen, welche Funktionen die Hörner erfüllen. Eine davon lautet zum Beispiel, dass
Hörner als Organ am Verdauungsprozess beteiligt
sein sollen und „die Gase aus dem Magen über
die Stirnhöhlen in das Horn hinein und zurück

Das ist natürlich nur deshalb möglich, weil die
Hörner stark durchblutet sind, was man vor allem
dann sieht, wenn sich eine am Horn verletzt. Eine
blutige Angelegenheit. Darüber hinaus soll der
stattliche Kopfschmuck für den Gleichgewichts-
sinn der Tiere von Vorteil sein – sowohl körperlich als auch psychisch, denn die gehörnten Kühe

seien ausgeglichener als ihre enthornten Artgenossinnen, erzählt mir Theresias Vater, der in seinem Stall ausschließlich Tiere mit Hörnern hält.

Sicher ist für mich jedenfalls, dass die Hörner keine gefühllosen Ausbuchtungen auf dem Kopf sind, sondern eher stattliche, aber sensible Antennen. Die Kuh spürt sehr wohl, wenn ich ihr Horn anfasse und reagiert darauf sehr empfindlich. Das zeigt für mich, dass sie in diesem Teil des Körpers auch Nerven haben muss. Theresias Mutter erzählt mir in diesem Zusammenhang von ihrer Methode, eine aufgeregte Kuh zu beruhigen: nämlich ganz sanft mit den Fingern auf die Hörner zu klopfen.

Es gibt außerdem immer wieder Studien, um zu belegen, dass Milch von gehörnten Kühen besser und gesünder sei als die von hornlosen und außerdem verträglicher für Menschen mit *Milchallergie*. Wer ab jetzt sicher sein will, dass er Milch von gehörnten Kühen trinkt, muss Demeter-Produkte kaufen. Nur in diesen Betrieben ist das Enthornen der Tiere streng untersagt, weil es der Philosophie der Demeter-Produktionsweise widerspricht. An den Hörnern lässt sich übrigens auch das Alter der Kuh abschätzen. Mit jeder Kalbgeburt – und im Idealfall bekommt sie ab dem Alter von zwei bis drei Jahren jährlich eines – bildet sich ein neuer Ring am Horn. Nach fünf bis sechs Kälbchen kommt da unter Umständen eine stattliche „Krone" zusammen!

Und zu guter Letzt ein rein ästhetisches Argument für den schönen Kopfschmuck, der eben von Natur aus zur Kuh gehört. Mal ehrlich – sieht eine Kuh ohne Hörner nicht irgendwie aus wie ein Esel?

Warum aber enthornen so viele Bauern ihr Vieh? Erstens steckt dahinter ein Platzproblem, denn im heute weit verbreiteten Laufstall, in dem sich die Kühe frei bewegen können, muss pro Kuh ein bestimmtes Mindestmaß an Quadratmetern Fläche eingerechnet werden. Diese Zahl erhöht sich natürlich für gehörnte Tiere, was zusätzliche Kosten bedeutet.

Das zweite wichtige Argument ist die Verletzungs- und Unfallgefahr für den Menschen, die man gering halten möchte. Es ist unbestritten, dass von den Hörnern ein gewisses Gefahrenpotenzial ausgeht. Die Hörner sind zum Teil wirklich imposant und können Furcht einflößend wirken. Wenn die Kuh den Kopf energisch nach hinten wirft, um die Fliegen auf dem Rücken zu verscheuchen, möchte ich nicht im Weg sein! Ich muss den Kühen und vor allem ihren Hörnern beim Anhängen im Stall oder beim Umhängen der Glocken sehr nahe kommen – und ich habe schon erzählt, dass ich in der ersten Zeit Angst hatte und mein Puls dabei raste wie verrückt. Doch mein Bauer Hans versuchte mich immer wieder zu beruhigen und mich zu überzeugen, dass die Tiere sich ihrer Waffen sehr wohl bewusst sind und sorgsam damit umgehen:

„Dani, de dean da nix. De bassn scho auf auf di!"

„Dani, die tun dir nichts. Die passen schon auf dich auf!" Und vielleicht ist es wahr. So wie man in den Wald hineinruft, so schallt es zurück, und je vertrauter ich mit den Tieren werde, je mehr ich mich mit ihnen beschäftige und je inniger unser Verhältnis wird, desto weniger Angst habe ich, dass sie mich verletzen könnten. Trotz allem bleibt natürlich der Respekt und eine Portion Vorsicht. Aber das ist auch richtig so. Beim Autofahren muss ich ja auch aufpassen, obwohl ich einen eingebauten Airbag habe.

Meine Kühe sind sowieso sehr brav und durch ihre Bewegung an der frischen Luft viel ruhiger bei der Melkarbeit als Kühe, die tagaus und tagein eingestallt sind. Ich bin jedenfalls sehr froh, dass meine Tiere nicht verstümmelt sind, sondern stolz ihre großen und kleinen, gekrümmten und geraden, symmetrischen und ungleichen Hörner tragen dürfen! Ich hoffe, dass sich irgendwann auch eine Trendwende ergibt. Wenn das Gesundheitsbewusstsein der Menschen weiter steigt, wird vielleicht die Lebensmittelindustrie die wissenschaftlichen Erkenntnisse für sich nutzen, um die gesunde Milch der gehörnten Tiere als Qualitätsprodukt anzubieten.

Zeit, mal wieder Blumen zu pflücken.

„Vo da Nieda-Oim auf die hohe Oim" – Abwechslung im Arbeitsalltag

Bevor die Kühe auf die Hochalm kommen, sind sie in der Regel erst einige Wochen auf der Niederalm, bis der Schnee auch in den höheren Lagen die frischen Almwiesen freigibt. Mancherorts werden die Kühe auch im Herbst nach dem ersten Schnee wieder auf die Niederalm gebracht. Diese Station ist meinem Bauern zu aufwendig und er lässt nur das *Galtvieh* – Vieh, das nicht gemolken werden muss – den ganzen Sommer über auf der Niederalm. In meinem Fall heißt sie *Ursprungsalm* oder kurz *Ursprung*.

Die Tiere können sich dort frei bewegen, streunen durch Wiesen und Wald und der Bauer sieht regelmäßig nach dem Rechten. Dabei bringt er ihnen immer wieder *Leck*, also eine Handvoll Kraftfutter mit Salz, sodass sie den Kontakt zu ihm nicht verlieren und im Laufe der Sommermonate nicht völlig verwildern. Sonst kann das Einfangen im Herbst schwierig werden. Davon sind diese Tiere aber weit entfernt – im Gegenteil, sobald sie nur den Motor seines Almautos hören, schreien die Leittiere Ringel und Almrausch lauthals und die Herde kommt zielstrebig angetrabt, um sich ihr *Leck* nicht entgehen zu lassen.

Einige Male begleite ich den Bauern auf die Niederalm und genieße dabei, die besondere Vegetation am Wegesrand zu entdecken, die sich von der auf meiner Hochalm deutlich unterscheidet. Nie kehre ich ohne ein Blumensträußchen nach oben zurück.

Die „Färschling" kommen …

Aber in erster Linie gibt es Arbeit. Einige Tage nach meiner Ankunft stehen fünf sehr große Kälber vor meiner Hütte, die ich nicht zuordnen kann. Der Bauer weiß sofort, was passiert ist. Bei den fünfen handelt es sich um Tiere aus der Herde von der Niederalm. Es sind sogenannte *Färsen*, oder tirolerisch *Färschlinge*, wie mir der Bauer erklärt. Das heißt, sie sind in ihrem zarten Alter von etwa achtzehn Monaten zwar keine Kälbchen mehr, aber auch noch keine Kühe, da sie noch nicht besamt wurden. Man könnte ganz banal sagen, sie sind in einer Art Pubertät auf dem Weg ins Erwachsenenleben. Im Vorjahr hatten sie als Kälbchen den Sommer auf der Trainsalm verbracht, und als sie jetzt ein Schlupfloch im Zaun gefunden haben, haben sie die Gelegenheit gleich genutzt, um der alten Heimat einen Besuch abzustatten. Aber wir können sie hier ganz und gar nicht gebrauchen.

… und müssen wieder zurück

Also weist mich mein Bauer Hans an, mir den langen Haselnussstock zu schnappen und mit ihm gemeinsam loszuziehen, um die Ausreißer zurückzubringen. Schnell stelle ich fest, dass dies kein einfaches Unterfangen, sondern im Gegenteil, eine außerordentlich schweißtreibende Aktion ist. Wir wählen für den Abstieg den Forstweg, um die fünf Dickköpfe besser unter Kontrolle zu halten. Zunächst übernimmt der Bauer mit einer Tüte voller Kraftfutter die Vorhut, während ich am hinteren Ende der Truppe dafür

Mit einem Eimer voller Leck lässt sich gut locken.

sorgen soll, dass alle auf dem Weg bleiben. Doch schon nach der zweiten Kurve habe ich drei von fünf Tieren verloren, die nach rechts und links in die Waldhänge ausgebüxt sind, um ihrer Entdeckungslust nachzugehen. Der Bauer kann seinen Unmut darüber nur schwer verbergen. Er ist es, der den Tieren ins steile Gelände folgt, um sie wieder auf den Weg zurückzuscheuchen. Daraufhin hält er einen Positionswechsel für angemessen. Er drückt mir den großen Plastiksack mit den *Leckerlis* in die Hand, damit ich ab jetzt die Führung übernehme. Diese Aufgabenteilung funktioniert tatsächlich sehr gut – mit lockender Stimme und raschelnder Tüte laufe ich rückwärts den Berg hinab, während mir fünf gierige Vierbeiner folgen, die zudem vom Stock schwingenden Bauern auf dem Weg gehalten werden. Ich bin in Schweiß gebadet, als wir an der Schranke ankommen, an der die Forststraße sich teilt. Jede Weggabelung und jede Spitzkehre bedeuten eine neue Herausforderung, denn die Tiere nutzen diese Gelegenheiten, um sich in alle Richtungen zu verstreuen. Wir haben keinen Schlüssel für die Schranke dabei und somit stockt unser Zug notgedrungen für einen Augenblick. Die kleine Truppe

löst sich natürlich auf der Stelle auf. Es scheint mir ein aussichtsloses Unterfangen und ich kann mir nicht vorstellen, wie wir die eigensinnigen Tiere jemals auf diesem schmalen Trampelpfad um die Schranke herumführen sollen. Wir tauschen erneut die Aufgaben. Der Bauer übernimmt den Lockruf und ich treibe von hinten an. Es scheint zu klappen. Vier von ihnen haben den kleinen Pfad als den richtigen Weg erkannt. Doch die letzte läuft nur verwirrt vor der Schranke auf und ab und fühlt sich in Bedrängnis – auf der einen Seite die Schranke, auf der anderen Seite versperre ich ihr den Weg. Anstatt einfach den anderen zu folgen, wählt sie als Ausweg die Flucht in den steilen Hang nach unten. Der Bauer ist wütend und ich muss hinterher. Doch das Einfangen gestaltet sich schwierig, vor allem deshalb, weil die Kleine natürlich umso schneller rennt, wenn sie sich verfolgt fühlt. Dabei bewegt sie sich etwas behänder durch das Unterholz als ich. Ich müsste schneller sein, um sie zu überholen, was im Wettstreit von Zwei- gegen Vierbeiner nicht einfach ist, um nicht zu sagen, unmöglich.

Ich schlage mich durch das Geäst im steilen Bergwald. Die Zweige klatschen mir ins Gesicht, einer trifft mich im Auge und halb blind renne ich weiter, werde immer wütender, das Tier immer schneller. Ich kapituliere. „Ich schaffe es nicht!" rufe ich dem Bauern zu.

„Du muasst, Dani! I kann do ned weg iaz! Moch weida!"

„Du musst aber, Dani. Ich kann hier nicht weg. Mach weiter!" antwortet er energisch. Jetzt bin ich wirklich den Tränen und der Verzweiflung nahe. Was soll ich tun? Schließlich besinne ich mich auf meinen Verstand. Wenn ich schon körperlich unterlegen bin, so muss ich eben meinen Kopf einschalten. Die Kleine ist in der Zwischenzeit stehen geblieben, nachdem ich meine Verfolgungsjagd eingestellt habe. Scheinbar teilnahmslos und ohne ihr Beachtung zu schenken, schlendere ich weiträumig um sie herum. Es funktioniert und sie beobachtet mich nur verwundert, rührt sich aber nicht mehr von der Stelle. Ich überhole sie erfolgreich und kann sie jetzt ohne Hast in die andere Richtung lenken und nach oben auf den Weg treiben. Jetzt erledigt sich der Rest von selbst. Als sie ihre Kameradinnen erblickt, schlüpft sie ohne zu zögern und als wäre es das Selbstverständlichste von der Welt und als hätte es nie ein Problem gegeben, auf dem kleinen Weg an der Schranke vorbei, um den Anschluss zu ihrer kleinen Gruppe zu suchen.

Ich bin erschöpft, mein Auge schmerzt und tränt von der unangenehmen Begegnung mit dem Ast. Ich folge ihr seufzend, während der Bauer mich mit einem aufmunternden Lachen belohnt und die Tiere vom Kraftfutter naschen lässt, bevor wir unseren Marsch etwas gemächlicher fortsetzen. Als endlich alle wieder auf ihrer Weide sind und das Gatter geschlossen ist, stoße ich einen Seufzer der Erleichterung aus.

Jetzt laufen wir in gemütlicherem Tempo zur Hochalm zurück und so habe ich genug Zeit, den schönen Weg zu genießen, ein duftendes Kräutersträußchen zu sammeln und mich an der Sonne zu freuen, die zwischen den Büschen und Bäumen durchscheint. Ich denke für einen Moment an meine Kollegen im Büro, die jetzt gerade vor ihrem Computer sitzen, eingeschlossen in vier Wänden, und mir wird wieder bewusst, wie schön es ist, die Natur als Arbeitsplatz zu haben und so aufregende Tage erleben zu dürfen.

Die schönen Seiten des Almlebens.

Leben ohne Strom –
wie in alten Zeiten

Mit Öllampen hat man sich früher beholfen.

Ein Sommer auf der Alm bedeutet, weitestgehend ohne Elektrizität auszukommen. Kein Licht, kein Elektroherd, kein Heizkörper, kein Kühlschrank, keine Waschmaschine und so weiter.

Aber ganz ohne Strom geht es auch nicht, deshalb sorgt ein Aggregat zweimal am Tag dafür, dass Melkanlage und Kühlung funktionieren. Wenn ich den alten Motor dafür anschalte, ist mir immer etwas mulmig zumute. Jedes Mal muss ich eine ganze Gießkanne Wasser in den Kühlwasserbehälter schütten, da der Kühlkreislauf undicht ist. Außerdem rumpelt und lärmt der Motor beim Starten, als würde er gleich in die Luft fliegen. Der Betonblock, auf dem er mit großen Schrauben befestigt ist, vibriert und hält die hüpfende Maschine nur mit Mühe fest. Mein Bauer Hans meint aber:

„Do brauchst koa Angst hom – der hot iaz de letzt'n sechz'g Joar a funktioniert, do feid se nix!"

„Du brauchst keine Angst haben. Da passiert nichts. Der hat auch schon die letzten 60 Jahre gut funktioniert." Mit dem hohen Alter des Motors zu argumentieren, finde ich aber auch nicht besonders beruhigend.

Während das Aggregat läuft kann ich nicht nur melken, sondern auch an der einzigen Steckdose im Milchkammerl mein Handy oder meinen Laptop anschließen. Gleichzeitig wird automatisch eine Autobatterie geladen, die am Abend immerhin ein bis zwei Stunden lang für diffuses Licht in der Küche meiner Almhütte sorgt. Die Hütten von Klara, Marei und Theresia haben Solarzellen auf dem Dach, die den Strom für das Hüttenlicht produzieren. Aber ich kann dafür alternativ auch meine Gaslampe benutzen: die sorgt mcht nämlich nicht nur für Helligkeit, sondern auch für Wärme.

Was man braucht …

Wärme – das kann ich brauchen. Besonders als die heiße Zeit im Juli vorbei ist und ein kalter August aufzieht. Während mein Schlafkammerl nicht geheizt werden kann und ich nachts in einer Montur schlafen gehen muss, die einer Expedition in die Arktis würdig wäre, ist es in der Küche durch den Holzofen gemütlich warm. Morgens um fünf Uhr, wenn ich aufstehe, ist es meine erste Amtshandlung, Feuer zu machen, um nach dem Melken eine warme Hütte vorzufinden. Auf dem Gestänge über dem Ofen trocknen die Geschirrtücher oder meine Kleidung, wenn ich bei Regen nach dem Kühe holen bis auf die Haut durchnässt bin. Auf dem Ofen über dem Feuer steht ein voller Wasserkessel, so-

Der beste Wäschetrockner – die Sonne!

... und worauf man verzichten kann

Zum Kochen benutze ich trotzdem die Kochstellen auf dem Gasherd, weil es schneller geht und praktischer ist. Mit Küchengeräten bin ich spärlich ausgestattet. Alle elektrischen Küchenhelfer fallen ohne Stromquelle sowieso weg. Doch es ist eine schöne Erfahrung zu sehen, dass Kochlöffel und Schneebesen völlig ausreichen. Nicht einmal beim Kuchen backen fehlt mir die Küchenmaschine, denn meine Hände sind gut funktionierende Knethaken.

dass immer heißes Wasser zum Spülen zur Verfügung steht.

Ich genieße es, echtes Feuer in der Küche zu haben, denn es bringt nicht nur Behaglichkeit, Duft und angenehme Wärme mit sich, sondern hat auch den Vorteil, dass viel Müll schnell und praktisch entsorgt werden kann. Der gesamte Papiermüll liefert eine ideale Grundlage für meine Küchenheizung. Auch Eierschalen, Küchentücher oder volle Kaffeefilter landen bei mir im Feuer. Aber ein Holzofen zum Backen? Bei meinem ersten Besuch in der Hütte war ich sehr skeptisch und dachte tatsächlich, dass hier Backen unmöglich sei, was ich aber doch so leidenschaftlich gerne mache. Ein klassischer Irrtum des Stadtmädchens! Was meine Oma noch wusste, kennt die Enkelin nicht mehr. Natürlich kann man in einem Holzofen Kuchen backen, Krustenbraten brutzeln lassen und Brot machen. Und das Ganze schmeckt sogar um einiges besser als im Ofen zu Hause!

Die Waschmaschine wird zum großen Teil durch die blaue Plastikwanne ersetzt, die mir der Bauer vorbeigebracht hat. Das heiße Wasser zum Waschen kommt aus dem Kessel über dem Feuer. Einmal in der Woche schrubbe ich mit Kernseife auf der Terrasse meine Kleidung und hänge sie zum Trocknen an die Leine in die Sonne. Nur mein stark verschmutztes und streng riechendes *Stallgwand* oder meine schweren Jeans gebe ich ab und zu dem Bauern mit, der sie in der Waschmaschine auf dem Hof wäscht. Ab einem gewissen Verschmutzungsgrad kapituliere ich eben.

Statt im Kühlschrank werden meine Lebensmittel im Steinkeller gelagert, was aber eher schlecht als recht funktioniert. Im Juli ist es so heiß, dass das Thermometer im Keller 15 Grad anzeigt. Das ist nicht kalt genug, um Butter, Wurst und Frischkäse haltbar zu lagern, und meine Sachen verderben schnell. Ab Mitte August nehmen die Mäuse überhand und futtern mir alles weg, wie man im Kapitel zu den ungeliebten Mitbewohnern nachlesen kann.

Wieder echte Briefe schreiben!

Auf was verzichte ich noch hier oben auf der Alm? Einen Fernseher? Den brauche ich auch zu Hause nicht oft. Aber mein batteriebetriebenes Radio nutze ich gerne. Besonders als die letzten Spiele der Fußball-WM auf B5 aktuell live übertragen werden oder, um einfach mal wieder Nachrichten aus der „Welt da unten" mitzubekommen, die mir so fern scheint, als hätte ich damit nichts mehr zu tun. Ich stelle fest, dass es nicht schwer ist, ohne Strom auszukommen und es ist sehr bereichernd, die Alternativen dazu zu entdecken. Es ist wirklich eine spannende Erfahrung, auf viele der Luxusgüter zu verzichten, mit denen wir so selbstverständlich leben. Klara, die Nachbarsennerin, bringt es auf den Punkt:

„Da herom brauchst ois ned, was d'untn de ganze Zeit brauchst."

„Hier oben brauchst du all das nicht, was du unten immer brauchst." Ja, das Leben funktioniert hier oben anders. Das klappt vermutlich nur deshalb, weil die Uhren anders ticken, keine Eile herrscht und kein Termindruck uns drängt. Das Leben ist entschleunigt auf unserer Alm. Eine Sache wird nach der anderen erledigt und darf auch länger dauern. Hier muss ich nicht drei Dinge gleichzeitig machen, um möglichst effizient zu sein, so wie in der Stadt. Dort bin ich es gewohnt, neben dem Telefonieren noch mein Abendessen vorzubereiten und gleichzeitig Nachrichten im Fernsehen anzuschauen oder beim U-Bahn fahren die E-Mails zu checken und gleich noch über die App am Smartphone die Zeitung zu lesen.

Auf der Alm spielt das alles keine Rolle. Natürlich könnte ich SMS empfangen, wenn ich das Handy auf die Fensterbank lege, aber in der Vorstellung meiner Freunde zu Hause bin ich wohl in so einem unwirklichen Leben, dass sie mir selten Kurznachrichten schicken. Nur mit meinem Freund kommuniziere ich viel auf diese Art. Er ist auch der Einzige, der immer wieder mit mir in das Almleben hier eintaucht.

Ansonsten lebt etwas anderes auf, was ich schon lange nicht mehr gemacht habe – echte Briefe schreiben, die ganz altmodisch mit der Post verschickt werden. Ich schreibe Briefe, deren Inhalt veraltet ist, wenn sie ankommen, und ich freue mich wie eine Schneekönigin, wenn der Bauer Post für mich in bunten Umschlägen und mit lieben Zeilen in seinem Briefkasten gefunden hat und mir bei seinem nächsten Besuch vorbeibringt. Wie schön, dass es Menschen gibt, die sich die Mühe machen, mir zu schreiben wie in alten Zeiten und so auch aus der Ferne und in der Stadt ein bisschen die Erfahrung des Lebens ohne Strom mit mir teilen!

Radio Tirol – Schlagerparade im Stall

Und beim Musimachen und
bei solche Sachn
Zahl ma nia drauf
Madl tua d'Klampfn her!
Spiel ma oan auf!

Mit Starten des alten Dieselmotors schaltet sich jeden Morgen und jeden Abend automatisch nicht nur das Licht im Stall, sondern auch das vom Bauern installierte Radiogerät ein, das an einem alten Holzbalken befestigt ist. Den ganzen Sommer über läuft hier der Sender Radio Tirol. Der Bauer stellt nur einmal knapp in den ersten Tagen während der Einarbeitungszeit fest:

„Mogst du de Musik, Dani? Wei i mog de nämlich gern!"

Damit war das Thema erledigt und Radio Tirol blieb. Somit werde ich während dieses Sommers zur österreichischen Schlagerexpertin, denn ich höre über diesen Lokalsender tagaus und tagein zwei Mal täglich die gleichen Lieder in Dauerschleife. In der Regel sind es österreichische Schlager mit sehr eingängigen und schlichten Texten oder auch Volksmusik.

Tor! Tor! WM-Übertragung über Radio in meine Küche statt Public Viewing in der Stadt.

Der Bauer Hans hilft bei der Stallarbeit.

Köstlich amüsieren kann ich mich regelmäßig über die „Weltnachrichten" des Senders, auf deren Ankündigung als erste Nachricht so etwas folgt wie:

„Innsbruck – Gestern hat ein 18-jähriger in Innsbruck eine Tankstelle überfallen."

Es ist zu hoffen, dass das nicht wirklich die Tiroler Weltsicht widerspiegelt. An manchen Tagen wird aber tatsächlich von ausländischen Begebenheiten berichtet, wie zum Beispiel über die Vorfälle auf der Love Parade in Duisburg und über die Fußball-WM und das fällt ja tatsächlich schon fast unter „Weltnachrichten". Insgesamt aber nimmt der Tiroler Polizeibericht mindestens achtzig Prozent der Nachrichtensendung ein. Deshalb bin ich in erster Linie gut informiert über Bergunglücke, Unfälle auf Tiroler Autobahnen, Rauüberfälle oder ausgebüxte Jugendliche, die schließlich und endlich in Italien wieder auftauchen. In Tirol ist immer etwas los!

Während ich im Almalltag schnell den Rhythmus von Wochentag und Wochenende verliere, vermag ich doch bald anhand des Radioprogramms die Wochentage zu unterscheiden. Der Sonntag kündigt sich beispielsweise beim morgendlichen Melken mit Stuben- und Volksmusik an, begleitet von Berichten von einer der vielen Tiroler Almen. Auf der Trainsalm war das Radioteam leider erst im folgenden Jahr.

Jedes Mal, wenn ich seither in meine Almsommer-Wahlheimat zurückkehre, ist das Erste, was ich mache, sobald wir die Landesgrenze passiert haben, den richtigen Radiosender einzustellen: Radio Tirol – da werden echte Erinnerungen wach!

Unser täglich Brot – Kalorien aus der Almküche

Annerl auf deim Pfannerl
Was hast denn zum Schmaus?
Wart i hol's mit da Gabl
Zum Schnabulieren raus

Ich bin zwar in einem anderen Leben hier oben auf der Alm, aber ich bin nicht abgeschnitten von der Außenwelt. Über den gut ausgebauten Forstweg könnte ich jederzeit ins Dorf fahren, um beispielsweise Lebensmittel einzukaufen. Früher waren die Bedingungen anders auf der Alm. Zu Beginn des Sommers wurden damals die Vorräte zu Fuß in großen Kisten heraufgeschafft. Wenn Bedarf an frischen Sachen war, schickte die Sennerin ihre Bestellung über Wanderer nach unten. Die nächsten Dorfbewohner, Bauern oder Jäger, die heraufkamen, brachten das Gewünschte mit. Mitgenommen wurde deshalb natürlich vor allem alles, was haltbar und nahrhaft ist: Getreide in

Form von Mehl, Polenta und Grieß sowie Speck und geräuchertes Fleisch. Lagerfähiges Gemüse und Obst wie Zwiebeln, Kraut und Äpfel waren ebenso in der Grundausstattung enthalten wie Zucker, Gewürze und natürlich Kaffee. Eier brachte man entweder mit oder hielt einfach selbst Hühner auf der Alm. Die Milchprodukte wurden traditionell ohnehin hier oben hergestellt, weshalb Butter, Quark, Käse und natürlich sowieso die Milch immer reichlich vorhanden waren.

Zutaten aus der Natur

Pilze, Kräuter und Beeren, wie Heidel- oder Preiselbeeren, sind auch in den Bergen zu finden und sorgen seit jeher für frische Abwechslung in der Almküche. Ich entdecke in meinem Sommer zwar leider keine dieser schmackhaften Beeren in freier Natur bei uns, aber ich freue mich über jede genießbare Himbeere an den Stauden unter meiner Terrasse und kann es kaum erwarten, dass die vielen Brombeersträucher im Herbst endlich Früchte tragen. Für mich ist es auch das erste Mal, dass ich Pilze sammeln gehe. Auch wenn mir Klara die geheimen Plätze nicht verrät, wo sie alljährlich die vielen *Reherl*, zu Deutsch Pfifferlinge, und die schönen Steinpilze findet, habe ich trotzdem großen Spaß, mit Theresia als fachkundiger Begleitung durch die steilen Waldhänge zu streifen. Wir sammeln Unmengen der orangefarbenen Reizker ein, die mit Ei und Käse in der Pfanne angebraten, ein herrliches Mahl geben.

Meine prächtigste Beute, zwei riesengroße Steinpilze, die ich beim Kühe einholen zufällig entde-

Klaras Hühner sorgen für frische Eier aus der Nachbarschaft.

cke, stellen sich leider beim näheren Hinsehen und nach dem Aufschneiden als nicht mehr verwendbar heraus, denn die Maden haben bereits ganze Arbeit geleistet. Die Fliegenpilze lasse ich natürlich wohlweislich stehen, aber es gefällt mir, wie sie mit ihren knallrot leuchtenden Hüten als bunte Farbkleckse den dunklen Waldboden verzieren.

Aus den haltbaren Zutaten aus dem Tal und den frischen Schätzen der Alm lassen sich viele der traditionellen Almgerichte zubereiten, die ich mit Begeisterung ausprobiere. Auch wenn meine Situation viel annehmlicher ist als in früheren Zeiten und ich theoretisch jederzeit zum Supermarkt fahren könnte, versuche ich trotzdem so lange wie möglich mit den vorhandenen Vorräten auszukommen und daraus etwas Leckeres zu zaubern. Dabei kommen erstaunliche und schmackhafte Gerichte heraus und ich entwickele eine neue Kreativität, die ich bisher noch nie genutzt habe, weil der Supermarkt in der Stadt eben gleich um die Ecke ist.

Lieblingsgerichte

Vom Bauern erfahre ich auch von dem typischen Frühstücksgericht seiner Kindheit und Jugend, das nicht nur auf der Alm, sondern früher auch am Hof für alle auf den Tisch kam. Selbstverständlich will ich das ausprobieren und besorge gleich beim nächsten Einkauf die entsprechenden Zutaten. Bei der ersten Gelegenheit, die sich bietet, serviere ich ihm schließlich mein selbst gemachtes *Griaskoch*.

Griaskoch

Auf dem Holzofen in Milch gekochter Grieß wird in der Pfanne noch ein wenig angebräunt und vor dem Servieren großzügig mit Butter, Zimt und Zucker verfeinert, was dem kalorienhaltigen Gericht den eigentlichen Pfiff gibt. Am besten ist dieses Frühstück nach richtig harter körperlicher Arbeit, denn es geht schnell und einfach und schmeckt mit frisch aufgebrühtem Filterkaffee und echter Kuhmilch ganz fantastisch.

Tiroler Knödelspezialitäten

Für das Mittagessen darf ich an dieser Stelle ein Rezept von Klara für echte Tiroler Pressknödel verraten, die ich oft und gerne selbst gemacht habe:

Pro Person eine Semmel und 2–3 Scheiben Schwarzbrot würfeln und in eine Schüssel geben,

1 Zwiebel fein schneiden,

1 rohe Kartoffel grob raspeln.

100 g Speck würfeln, alles vermischen und mit Salz, Pfeffer, Majoran und Schnittlauch würzen und mit warmer Milch übergießen.

1–2 Eier dazugeben und

1–2 EL Mehl, bis der Teig eine Konsistenz hat, aus der sich Knödel formen lassen. Diese in der Pfanne plattdrücken und Butterschmalz auf beiden Seiten goldgelb ausbacken.

Pressknödel kann man mit Salat essen oder auch in der Brühe aufwärmen und als Suppe servieren. Für die Variante der Kaspressknödel kommt in den Teig noch der Tiroler Graukas, der sehr typisch ist für die Tiroler Berggegend. Er wird aus Magermilch hergestellt, die sozusagen als Nebenprodukt bei der Rahmherstellung übrig bleibt und riecht ziemlich streng.

Apfelnocken

Mein Lieblingsrezept am Nachmittag, wenn sich spontan Besuch ankündigt, oder wenn ich Lust auf etwas Süßes habe, sind die Apfelnocken, deren Rezept mir die kleine Ursula aus der Nachbarschaft verraten hat:

Pro Person nimmt man ein Ei und einen kleinen Apfel. Die Äpfel werden grob geraspelt und mit den Eiern, etwas Quark und mit so viel Mehl vermengt, bis eine zähe Masse entsteht.

Daraus formt man kleine Nocken und bäckt diese dann in Butterschmalz aus, bis sie goldgelb sind.

Noch warm werden sie mit Zucker und Zimt bestreut und kommen mit einem Glas Kuhmilch oder Kaffee auf den Tisch.

Quark

Am Abend reicht dann eine Brotzeit mit selbst gebackenem Brot und frischem Quark, der mit den Samen der Brennnesselblüten bestreut wird. Ganz besonders hübsch sieht es aus, wenn man noch Gänseblümchenblüten aufs Brot legt – und ja, die kann man auch mitessen.

Quark lässt sich übrigens ganz einfach dadurch herstellen, dass ich einen kleinen Topf voll frischer Milch ein paar Tage stehen lasse. Im Gegensatz zu unserer behandelten und erhitzten Milch aus der Packung wird die melkfrische Milch nicht ungenießbar sauer nach ein paar Tagen, sondern sie stockt.

Wenn man sie in Ofennähe in der Wärme stehen lässt, kann man eine Fettschicht abschöpfen, die sich an der Oberfläche gebildet hat, und findet darunter Quark.

Eigenes Brot

Ganz besonders stolz bin ich auf mein selbst gebackenes Brot aus dem Holzofen, denn ich empfinde es als etwas sehr Schönes, dieses alltägliche Grundnahrungsmittel selbst herzustellen. Ich nehme mir fest vor, auch nach der Almzeit damit weiterzumachen. Leider muss ich aber nach meiner Rückkehr in die Stadt schnell feststellen, dass Brotbacken in einer Berghütte, mit bescheidenen Mitteln und Vorräten und einem Holzofen in der Küche, deutlich mehr Spaß macht, als im Elektroherd in der Wohnung, wenn eigentlich nebenan der Bäcker ist. Aber ausprobieren lohnt sich dennoch und deshalb gibt es hier mein Rezept, das ich nach Anweisungen von Marei mehrfach erprobt und verfeinert habe:

Anschließend etwa zwei Tassen Wasser, etwas Salz und Brotgewürz zugeben. Das kann man entweder als fertige Gewürzmischung kaufen oder selbst zusammenstellen aus Kümmel, Anis und Koriander. Die Gewürze werden sorgfältig unter den Teig geknetet, der dann noch einmal fünfzehn Minuten gehen muss. Danach wird er in eine Form oder auf ein gefettetes Blech gesetzt und muss dort noch einmal mindestens eine Stunde zugedeckt aufgehen.

Bevor der Laib in den Ofen kommt, kann man ihn nach Belieben mit ganzen Gewürzen je nach Geschmack bestreuen. Der Ofen sollte am Anfang starke Hitze haben, damit das Brot schön braun wird, und nach einer Viertelstunde kann man diese reduzieren. Nach einer Stunde Backzeit stellt man durch den Klopftest fest, ob das Brot fertig ist – nämlich dann, wenn es hohl klingt.

Guten Appetit!

150 g Roggenmehl und 350 g grobes Weizenmehl oder Brotmehl miteinander vermengen und eine Mulde bilden, in die etwa 20 g Hefe zerbröselt werden, und mit etwas lauwarmem Wasser und Zucker vermischen.

Diese Masse etwa zwanzig Minuten an einem warmen Ort gehen lassen.

Mein erstes selbst gebackenes Brot.

Rosenkranzbeten – fester Bestandteil des Almlebens

Da heili Leonhardi
Is vom Viech da Patran,
Drum rufan eahn d'Bauern
Am öftigsten an.

Fester Bestandteil des Tagesablaufs ist das tägliche Läuten der Glocke in der kleinen Steinkapelle, die sich in der Mitte unseres Almdorfs befindet. Marei ruft so seit Jahren zum allabendlichen Rosenkranzgebet. Es dauert zwei Wochen, bis ich zum ersten Mal dazustoße. Es ist eine kleine Runde, die sich jeden Abend zum Gebet trifft. Marei ist die Vorbeterin und Klara die treueste Besucherin des Rosenkranzes. Wenn sie Zeit hat, steigt auch Greti von der Jausenstation hinauf zur Kapelle.

Nur Theresia und ich lassen uns dort eher selten blicken. Ich bin dem Rosenkranzgebet ohnehin etwas skeptisch gegenüber eingestellt. Wie viele katholisch erzogene Menschen kenne ich dieses monotone Beten aus meiner Kindheit und verbinde es mit endloser Langeweile. Aber ich will hier alle Aspekte des Almlebens kennenlernen – also folge ich eines Abends endlich dem Ruf der Glocke und gehe um sieben Uhr, nachdem die Stallarbeit getan ist, zur Kapelle.

Die kleine Steinkapelle wurde 1982 errichtet, nachdem die alte hölzerne Kapelle abgebrannt war. Ein ehemaliger Jagdpächter der Alm hat sie finanziert und gebaut und seine Frau, eine begabte Malerin, hat für die schönen Motive im Inneren gesorgt.

Marei läutet zum allabendlichen Gebet.

Meditation in luftigen Höhen

Es ist sehr klein im Almgotteshaus. Maximal acht Menschen finden einen Sitzplatz, aber so viele sind wir ohnehin nie beim Gebet, auch wenn Marei manchmal ihre Enkelin mitbringt. Klara, Marei und Greti freuen sich über den Zuwachs, als ich zum ersten Mal vorbeikomme. Nach einem kurzen Plausch werden wir alle ruhig. Marei fängt an – sie betet vor:

„Gegrüßet seist du Maria
voll der Gnade,
der Herr ist mit dir …".

Ihre Stimme mit dem starken Tiroler Akzent hat eine beruhigende Wirkung. Draußen entfernt sich das Gebimmel der Kuhglocken immer weiter. Die Kühe müssen schon fast über den Hügel hinweg sein. Wir beten nach:

„Heilige Maria, Mutter Gottes, bitte für uns Sünder, jetzt und in der Stunde unseres Todes – Amen."

Immer die gleichen Worte! Es dauert nicht lange und ich bin unendlich ruhig, eingehüllt in den monotonen Singsang von Vorbeterin Marei und unserem Antwortgebet. Es ist wie ein Mantel, der sich um mich legt, oder wie innerlich gestreichelt werden – es ist wie Meditation. Und vor allem kein bisschen langweilig.

Nach den eigentlichen Rosenkranzstrophen folgen noch viele weitere Gebete, die ich nicht kenne. Wir beten für mildes Wetter, für unsere Tiere und für die verstorbenen Almleute. Den Schlusspunkt setzt ein Lied, das Klara, die beste Sängerin unter uns, auswählt und anstimmt. Danach fangen die anderen nach einem kurzen Moment des Innehaltens, rasch an zu plappern, aber ich bin wie betäubt. So entspannt und ruhig fühle ich mich selten – ich mag mich eigentlich kaum bewegen, um diesen Zustand nicht zu verscheuchen. Marei pustet nach und nach alle Kerzen aus, die sie auf dem kleinen Altar angezündet hat, und gießt ganz sorgfältig das überschüssige, flüssige Wachs in einen dafür vorgesehenen Behälter.

Ich genieße es wie eine Art Abspann, ihr bei diesen Tätigkeiten zuzusehen, die sie mit sehr viel Hingabe ausführt, während Klara die Geschichten des Tages zum Besten gibt.

Dann schließen wir die Kapelle ab und ich begleite Marei nach Hause. Jedes Mal, wenn ich nach dem Gebet in meine Hütte gehe, mit diesem warmen und guten Gefühl im Bauch, nehme ich mir vor, öfter zum Rosenkranz zu gehen. Aber immer wieder kommt abends etwas dazwischen und ich schaffe es nur etwa einmal die Woche. Marei betet zeitlebens konsequent jeden Abend. Und vielleicht ist es das, was sie so stark gemacht hat. Denn trotz all der Schicksalsschläge, die sie von Kindheit an in ihrem Leben erlitten hat und von denen sie mir erzählt, sagt sie mir, wie dankbar sie für alles ist.

Die Kapelle, ein besonderer Ort.

Eines der Gebete, das für mich neu war und
das mir besonders gut gefallen hat, weil es einen
starken Bezug zu unserem Leben auf der Alm hat,
hat Marei mir am Ende in mein Abschiedsbuch
geschrieben:

Oh Herr wir bitten dich
öffne deine milde Hand
und erfülle dein Erdreich
mit deinem Segen
gib zur rechten Zeit Regen
und milden Sonnenschein
wende alle schädlichen Unwetter
gnädig von uns ab und
schenke uns eine gesegnete Ernte.

Und an einem Abend, als ich alleine mit ihr bete,
da die anderen alle verhindert sind, da zeigt sie
mir das Geheimnis der Madonnenfigur, die in der
Kapelle steht. Die ist nämlich innen hohl – aber
mehr kann ich nicht verraten, denn es muss ja ein
Geheimnis bleiben.

Kühe holen – und ab in den Stall

Auf geht's – geht's weida
Hoam gema in Stall!
Dort dea ma eich melka
Kommt's geht's halt a mal.

„Kum Kuahdei kum –
geh weida – gemma gemma!"

Kühe holen – was heißt das eigentlich? Wo werden sie geholt? Und wann? Meine Kühe sind fast die ganze Zeit draußen auf der Alm unterwegs. Nur am Nachmittag sind sie für ein paar Stunden im Stall. Nach dem Abendmelken lasse ich sie wieder ziehen, und sie suchen sich für die Nacht einen schönen Weideplatz, um zu fressen und natürlich auch, um zu schlafen.

Meine Kühe teilen sich ihr Weidegebiet mit der Herde von Theresia und den Kühen von Greti und Mich. Jeden Abend schlagen sie die gleiche Richtung ein und ziehen zusammen mit den anderen nach dem Auslass aus dem Stall den Hügel hinauf, der gegenüber meiner Hütte liegt. Eine Weile kann ich sie noch beobachten, bevor sie hinter der Bergkuppe verschwinden. Im Laufe der Nacht wandern sie dann entweder in den Wald, auf den Bergrücken hinauf oder in die Senke hinunter, die hier *Kapella-Senk* heißt, vielleicht weil dort früher eine Kapelle stand.

Ohren auf! Wo ist die Glocke?

In der ersten Zeit kommt der Bauer täglich und bringt die Kühe für mich heim. Bei ihm sieht das alles ziemlich einfach aus, und die Kühe reagieren bereits, wenn sie seine Pfiffe und Rufe hören:

„Kommt, Kühe kommt – geht weiter – gehen wir, gehen wir!" tönt es dann über die Alm. Im schlechtesten Fall erreicht er immerhin die Aufmerksamkeit der Tiere, und im besten Fall setzen sie sich schon durch sein Rufen in Bewegung. Nur mit Lockrufen die Tiere nach Hause zu bringen, klappt bei mir so gut wie nie – auch wenn ich die Sätze und den Tonfall des Bauern bestmöglich zu imitieren suche und sie sich zunehmend an meine Stimme und Rufe gewöhnen.

Meine Feuertaufe

In der Nacht vor dem Tag, als ich morgens zum ersten Mal alleine losziehen muss, kann ich kaum schlafen vor Nervosität. Ich habe in erster Linie Angst, die Tiere erst gar nicht zu finden. Ich weiß, dass ich zuallererst *lusen* muss, wie der Bauer sagt, also lauschen, wo die Glocken meiner Leittiere Silber und Schweizer zu hören sind, um die Herde zu lokalisieren. Gar nicht so einfach, da die beiden schließlich nicht die einzigen Kühe auf der Alm sind, die Glocken tragen, auch wenn Hans mir versichert, die unsrigen hätten einen besonderen Klang.

Kleine Glockenkunde

Die Glocke von Schweizer ist eine Keilglocke: groß, etwas eckige Form und aus Blech geschnitten, was ihr einen recht dumpfen Klang verleiht.

Am Abend ziehen die Kühe zu ihren bevorzugten Weideplätzen.

Ruhen und Wiederkäuen gehört zum Kuhalltag.

Silbers Glocke ist gegossen und klingt deshalb viel heller und klarer – der Bauer bezeichnet sie als Speisglocke, weil das Gussmaterial Glockenspeise genannt wird. Beide Glocken sind an schweren, dicken Lederriemen wie Gürtel um den Hals der Tiere befestigt. Jeden Tag, wenn Silber und Schweizer im Stall sind, befreie ich sie für ein paar Stunden von den Riemen, damit die Haut darunter nicht wund gescheuert wird. Die Glockentöne werden mir tatsächlich immer vertrauter, aber Irrtum ist leider trotzdem nicht ausgeschlossen. Wie oft bilde ich mir ein, meine Glockenkühe zweifelsfrei ausgemacht zu haben, nur um dann im Näherkommen festzustellen, dass es doch die Herde des Nachbarn ist.

Gutes Wetter ...

Doch zurück zu den Morgenstunden. Noch vor Sonnenaufgang mache ich mich, in der Regel gemeinsam mit Theresia, auf den Weg, um die Tiere zu suchen. Wir fahren meist ein Stück mit dem Almauto auf dem neuen Forstweg und gehen dann zu Fuß weiter, um zuallererst in der Senke nach den Tieren zu sehen – lange Zeit ihr Lieb-

lingsplatz. Von dort läuft der Heimweg meist sehr reibungslos ab, vor allem dann, wenn sie schon in „Fahrtrichtung" stehen, und ich sie nur zum Loslaufen animieren muss. Die Senke läuft trichterförmig nach oben zu, und sobald die Herde bergauf unterwegs ist, habe ich sie leicht unter Kontrolle, da ihre Möglichkeiten seitlich auszubüxen hier sehr beschränkt sind. Sobald wir über den Hügel hinaus sind und die Hütte in Sichtweite kommt, gibt es ohnehin kein Halten mehr. Manchmal springen einige der Kühe sogar im Galopp die Wiesen hinab und zwar in einer Geschwindigkeit und mit einer Leichtigkeit, die ich diesen behäbig wirkenden Tieren zuvor niemals zugetraut hätte. Wenn alles gut geht, kann diese morgendliche Tätigkeit zu einem wunderschönen Erlebnis werden.

... schlechtes Wetter

Peitscht der Wind uns den Regen ins Gesicht oder liegt Reif auf den Almwiesen und es ist bitterkalt, kostet es eine enorme Überwindung, in

Nebel zieht auf und hüllt die Hütte in Weiß.

Wenn Kühe holen immer so entspannt wäre.

dicke Jacken eingepackt und noch schlaftrunken, mit dem Hirtenstock loszuziehen. Und gerade bei schlechtem Wetter machen es einem die Tiere umso schwerer, sie zu finden und heimzutreiben. Also genau dann, wenn man überhaupt keine Lust hat, sich lange draußen aufzuhalten!

Bei Regen flüchten sie sich unter den Schutz der Bäume im Bergwald. Dort geht es steil bergauf und bergab, und um sie zu suchen, muss ich wie eine Gämse durch das weglose Geäst klettern. Ich rutsche auf den nassen Steinen und Wurzeln aus und suche und rufe und bemühe mich, trotz Wind und Regen, irgendeinen Glockenton zu erhaschen. Ich würde gerne die Kapuze der Jacke aufsetzen, doch die würde mich nur daran hindern, die Glocken zu hören. Habe ich meine Herde dann endlich aufgespürt, bedeutet das noch lange nicht, dass das Schwierigste geschafft ist, denn meist haben sie wenig Lust, die schützenden Bäume zu verlassen.

Ich versuche, sie mit Rufen zu locken und schließlich mit dem Hirtenstock anzutreiben und alle möglichst in einer Gruppe beisammen zu halten. Auf dem Weg durch den Wald geht es nur im Gänsemarsch zurück. Der Pfad, den die Tiere hier schon ausgetreten haben, ist bei Regen so aufgeweicht, dass ich an manchen Stellen bis über die Knie im Matsch versinke. Meine Bergschuhe sind kaum mehr zu sehen vor Schlamm.

Die Zeiten ändern sich

Mitte August suchen sich die Kühe plötzlich einen neuen Lieblingsplatz und gehen bei schönem Wetter nachts auf den Berg, statt in die Senke oder in den Wald. Man sagt mir, dass sie das wohl jedes Jahr um diese Zeit machen. Vielleicht ist das Gras dort oben im Spätsommer noch saftiger und frischer. Den Kühen gefällt es dort oben, aber ihrer Sennerin behagt der neue Weideplatz überhaupt nicht. Für mich hat es nämlich den großen Nachteil, dass ich sie von unten nicht sehen kann, wenn sie auf der anderen Seite des Bergrückens liegen. Und ich muss oft auf Verdacht losziehen und werde nicht selten enttäuscht, da ich sie dort nicht finde.

Einer der herrlichen Sonnenaufgänge.

Mein morgendliches Sportprogramm beginnt also jetzt nicht mehr mit dem Almauto und einer gemütlichen Wanderung, sondern damit, auf den Berg zu klettern und dann im steilen Hang zu versuchen, alle meine Schützlinge zusammenzutreiben und nach unten zu bewegen. Nicht ganz einfach, denn ich bin als Zweibeiner oder Dreibeiner, wenn man meinen Hirtenstock mitzählt, im Nachteil. Minuten vergehen, bis ich von einer Kuh zur nächsten klettere, um jede einzeln aus ihrer Ruhe aufzuscheuchen. In der Zwischenzeit hat die andere schon wieder vergessen, dass der Heimweg auf dem Programm steht.

Ich versuche, die Herde von ganz hinten in Bewegung zu setzen, aber die Ausweichmöglichkeiten im Hang sind groß und immer wieder zerstreut sich die Gruppe und es kommt kein Tempo auf, das alle mitziehen würde. Es ist steil, es ist mühsam, es ist zum Verzweifeln – mehr als einmal stehe ich hilflos im Hang und könnte heulen.

„Melken? – Ach nö, keine Lust!"

Erschwerend kommt hinzu, dass mit dem Ende des Sommers auch die *Laktationszeit* der Kühe endet. Das bedeutet, dass sie immer weniger Milch geben, ihr Euter *brennt* nicht mehr, und sie haben es überhaupt nicht mehr eilig, zum Melken zu kommen. Vier von ihnen sind jetzt im Spätsommer schon *trockengestellt*, also im Mutterschutz, und werden nicht mehr gemolken. Sie müssen nicht unbedingt mit, ich lasse sie einfach links liegen, denn im Laufe des Vormittags kommen sie von alleine zum Stall. Aber für die anderen sechs Kühe gelten die Melkzeiten, und ich muss versuchen, sie nach Hause zu bringen. Keine einfache Angelegenheit in diesem Hang! Das Schlimmste ist, dass wir quasi auf dem Präsentierteller stehen. Von allen Hütten sieht man den Hang ein und kann beobachten, wie lange ich brauche, um alle meine „Schäfchen" ins Trockene zu bekommen. Für mich besonders hart, da ich ja die gewiefte Sennerin sein will, die den Bedenken der anderen zum Trotz alles schafft!

Das Glück der frühen Stunde – wenn die Alm erwacht

Jeden Tag klingelt zwischen fünf und halb sechs Uhr morgens der Wecker. Wie gerne würde ich mich manchmal noch umdrehen, aber ich weiß, es gibt kein Entkommen, keine gleitenden Arbeitszeiten wie im Büro und niemand, der die Arbeit heute für mich übernehmen wird, egal, wie lange ich am Vorabend wach war.

Doch sobald der innere Schweinehund überwunden ist und ich draußen unterwegs bin, ist der Unmut meist wie weggeblasen. In diesen frühen Morgenstunden erlebe ich oft die schönsten Augenblicke des Tages und mache überraschende Entdeckungen. Das Besondere daran ist: Die Welt sieht jeden Morgen anders aus und keine Morgenstimmung gleicht der anderen. Es gibt nicht nur den offensichtlichen Unterschied zwischen schönem und schlechtem Wetter. Nein, auch kein einziger schöner Tag ist wie der andere. Mal erscheint ein blutroter Streifen im Osten, der den

Theresia beim Kühe holen am frühen Morgen.

Sonnenaufgang ankündigt, mal verschleiern kleine Wolken das Morgenrot und der ganze Himmel färbt sich rosapink bis dunkelviolett. Ein anderes Mal hängen Wolken im Tal und die Welt oberhalb der weißen Wolkendecke wirkt wie ein rosablaues impressionistisches Gemälde. An den Tagen, die vom Fön beehrt werden, sieht man so weit in die Alpen, dass die Gletscher zum Greifen nahe scheinen.

Die ersten Sonnenstrahlen

Das sind die Momente, in denen ich zumindest einige Sekunden innehalten muss, um das Glück in mich aufzusaugen, einen solch einmalig wunderschönen Arbeitsplatz zu haben: die Natur – ein Paradies. Es ist, als dürfte ich Zeuge eines geheimnisvollen Ereignisses sein, als dürfte ich der Welt beim Aufwachen zusehen, und es hat etwas Magisches und Mystisches. Besonders, wenn die Wolken im Tal hängen und ich weiß, dass nur wir hier oben das Privileg haben, die Sonne als Erste begrüßen zu dürfen und ihren Aufgang verfolgen zu können. Welch ein Genuss, zu sehen, wie sie langsam höher steigt und das Trainsjoch, unseren Hausberg, wie mit roten Scheinwerfern allmählich von unten nach oben ausleuchtet, bevor sie ihn nach und nach in das gleißend helle Licht des Tages taucht.

Jeden Tag präsentiert sich die Landschaft im morgendlichen Licht ein bisschen anders.

Auf da Alm, da gibt's koa Sünd – vom Brunstverhalten der Kühe

*Redn allwei vom Sündsein
die ganz gscheitn Leut!
Wia kann dös a Sünd sein
was oan gar a so gfreut?*

*„Do wochsen grod de Haxn
und de Hoar und sonst nix."*

Auf da Alm, da gibt's koa Sünd, weil's da der Tierarzt übernimmt! Soweit der etwas abgewandelte Spruch, der zutrifft, wenn es um das Paarungsverhalten der Kühe geht. Almwirtschaft ist eigentlich reine Frauenwirtschaft – also aus Kuhsicht – denn einen Stier gibt es glücklicherweise bei uns nicht. Diese Gesellen können auch schnell ziemlich ungemütlich werden. Dafür könnte er aber, im Gegensatz zu uns Menschen, über weite Entfernungen schon riechen, wenn eine der Kuh-Damen empfängnisbereit ist. Wir dagegen müssen die Augen aufhalten und aufmerksam sein, um festzustellen, wann eine der Kühe *stiert* oder *stierig ist*, wie man im Fachjargon dazu sagt. Die meisten Kühe sind im Idealfall schon trächtig und *kalbern* im Herbst direkt nach der Almzeit.

Im Herbst ist idealer Geburtstermin, wenn es nach dem Bauern geht, denn dann sind die Tiere wieder im heimischen Stall, wo man für eine Geburt besser gerüstet ist als auf der Alm. Gleichzeitig ist noch lang genug Zeit bis zum nächsten Almsommer, sodass das Kälbchen bis dahin ausreichend groß, kräftig und widerstandsfähig werden kann. Die Frühjahrskälbchen sieht mein Bauer Hans gar nicht gern auf der Alm und erklärt abfällig:

„Da wachsen nur die Beine und die Haare und sonst nichts". Ein Kälbchen, das vor der Almzeit noch nicht kräftig war, wird also auf der Alm auch nicht mehr Fleisch ansetzen, meint er. Schlecht für ihn, da er die jungen Tiere ja später entweder besamen lassen oder als Jungrind an den Schlachter verkaufen will – und das möglichst gewinnbringend.

Auf den Stier warten die Damen hier vergeblich – nur der Tierarzt kommt.

Keine Milch ohne Kalb

Aber das Fleisch des Kälbchens oder die Nach-
zucht stehen eigentlich nicht im Vordergrund. In
Wirklichkeit braucht die Kuh regelmäßig ein
Kälbchen, damit sie überhaupt Milch gibt. Das ist
den meisten Menschen gar nicht mehr bewusst.
Doch auch bei der Kuh funktioniert das nicht anders als bei allen anderen Säugetieren. Die Kuh
produziert die Milch nicht, damit wir sie im Kühl-
regal kaufen können, sondern weil die Natur vorgesehen hat, dass sie ihren Nachwuchs säugen
soll. Auch ein Kälbchen wird größer, fängt nach
einer bestimmten Zeit an, festes Futter zu fressen,
und so lässt der Milchfluss von Natur aus nach,
selbst wenn durch das Melken ein Säugen simu-
liert wird.

Der Mensch möchte kontinuierlich melken, also
braucht die Kuh ein neues Kälbchen. Nach der
Geburt beginnt die sogenannte *Laktationszeit* der
Kuh, während der sie Milch gibt, und diese dauert
bis einige Wochen vor der nächsten Geburt. Dann
wird die Kuh *trockengestellt*, also nicht mehr gemolken. Deshalb ist die logische Konsequenz,
dass eine Kuh, die nicht mehr *aufnimmt*, also
nicht trächtig wird, keinen Nutzen mehr für den
Bauern bringt, da sie in absehbarer Zeit auch
keine Milch mehr geben wird.

Silber ist stierig

In meinem Stall sind alle Damen trächtig, bis auf
Muster, Frech und Silber, die *leer* sind, wie man
diesen Zustand nennt. Zeit, das endlich zu än-
dern! Deshalb bin ich ab sofort mit dafür verantwortlich, festzustellen, wann es soweit ist und
eine von den Dreien *stiert* – auch wenn ich mir
darunter nicht sonderlich viel vorstellen kann.
Der Bauer erklärt mir, dass man es unter anderem
am abgescheuerten Fell auf der Schwanzwurzel
erkennen kann, weil sich die Kühe gegenseitig
reiten. Es entsteht wohl eine Unruhe in der Herde
und im Idealfall sieht man auch „etwas", wenn es
soweit ist. Aber was? Das erlebe ich zum ersten
Mal, als Silber *stierig* ist.

Die Unruhe in der Herde ist tatsächlich förmlich
zu spüren, als ich sie eines Abends auslasse. Auf
dem Weg zu ihrem nächtlichen Weideplatz geht
die Show los und Silber bespringt ihre Stallge-
nossinnen, die die ungestüme Leidenschaft geduldig über sich ergehen lassen und Gleiches
auch bei ihr tun. Sie lecken sich gegenseitig am
Kopf und beschnuppern sich am Hinterteil. Es ist
die reinste Orgie! Man muss sagen – die Frauen
wissen sich zu helfen ohne Mann! Und so geht
das vermutlich die ganze Nacht. Kein Wunder,
dass die stierige Kuh am nächsten Morgen weniger Milch gibt vor lauter Aufregung. Doch auch
bei den anderen lässt der Milchfluss zu wün-
schen übrig. Vermutlich war nicht genug Zeit,

um zu fressen und zu verdauen. Die Unruhe überträgt sich auch auf die anderen Herden. Das erlebe ich live mit, als ich eines Morgens meine Damen gerade in den Stall treiben will. In einer Nachbarherde, die unseren Weg kreuzt, scheint eine stierige Kuh zu sein. Wie auf Kommando büxt die Hälfte meiner Damen plötzlich aus, um sie zu bespringen. Ein Trieb, der stärker ist als alles andere. Da sind die Sennerin und der Heimweg schnell vergessen.

Action ist angesagt, wenn eine der Kühe stiert.

Stierservice auf Bestellung

Etwa zwölf bis vierundzwanzig Stunden, nachdem man das Brunstverhalten beobachtet hat, sollte die Besamung erfolgen. Aber auch jetzt kommt der Stier nicht persönlich vorbei, sondern der Tierarzt. Zu seiner Ausstattung gehört ein langes Röhrchen, das den gewünschten Stiersamen enthält, den der Bauer sich im Katalog ausgesucht hat, sowie durchsichtige Plastikhandschuhe, die bis zur Schulter reichen. Dann ist es meine Aufgabe, die Kuh an der Schwanzwurzel so gut wie möglich festzuhalten und dem Tierarzt den Weg frei zu machen. Der holt zunächst händisch den Kuhmist aus den Gedärmen heraus, was ziemlich eklig aussieht, tastet die Eierstöcke ab, führt das lange Röhrchen ein und drückt ab. Der Samen ist drin und fertig. Wenn die Kuh schon erfolglose Besamungen hinter sich hat, so wie es im Sommer beispielsweise bei Muster der Fall ist, dann gibt es noch eine Spritze hinterher, die den Prozess der Einnistung der befruchteten Eizelle unterstützen soll.

Ab jetzt gilt es zu hoffen und zu bangen, dass die Kuh in einundzwanzig Tagen, nach Ende ihres Zyklus, nicht wieder stiert, denn das würde bedeuten, dass sie nicht *aufgenommen* hat. Bei Muster sind tatsächlich drei Besamungen nötig, aber dann klappt es endlich. Vermutlich hat sie die Drohung des Bauern mit dem Schlachthof ernst genommen.

Luki – das neugeborene Stierkälbchen

Trotz aller Bemühungen, eine Kalbgeburt auf der Alm zu vermeiden, klappt das nicht immer. Bei Theresia ist es am ersten Tag, also beim Almauftrieb soweit. Die Kuh Enzian schafft es erst gar nicht in den Stall, sondern *kalbert* noch vor der Hütte. Ein Erlebnis, das die Kuhmutter ziemlich mitnimmt, denn den ganzen Sommer über bleibt sie eine sonderbare Einzelgängerin. Sie entfernt sich kaum von der Hütte und bleibt allein sitzen, während die anderen gleich nach Verlassen des Stalls am Abend im wahrsten Sinne des Wortes über alle Berge sind. Ich vermute, dass sie ihr Kälbchen vermisst, auch wenn das die Bauern natürlich für blanken Unsinn halten. Bei der Milchkuhhaltung wird der Kuh ihr Kalb direkt nach der Geburt weggenommen und dann mit der Flasche gesäugt. Eine schnelle Trennung der beiden verhindert unter anderem, dass sich eine engere Bindung entwickeln kann, was für die Kuh dann umso schlimmer wäre. In den ersten Tagen nach der Geburt darf die Milch der Mutterkuh nicht an die Molkerei geliefert werden. Was wir Menschen nicht wollen, ist für das kleine Kälbchen wichtig, gut und gesund. Die sogenannte *Biestmilch* des Muttertiers wird deshalb gemolken und dem Kleinen mit der Flasche beziehungsweise mit Eimer und Saugaufsatz gefüttert.

Das Stierkälbchen von Enzian steht in Theresias Stall in einem kleinen Verschlag direkt neben Lisa, dem Ferkel, und einem anderen Kälbchen, das auch noch zu klein ist für die Weide. Die drei unterschiedlichen Tierkinder lieben sich sehr und geben sich gegenseitig die Zuneigung, die sie von Natur aus von der Mutter bräuchten. Das Kindchenschema sorgt außerdem dafür, dass der kleine Luki, wie wir ihn nennen, auch von uns Menschen sehr viele Streicheleinheiten und Aufmerksamkeit bekommt. Besonders mein Freund Frank ist ganz vernarrt in das kleine Stierkälbchen und sein erster Gang, wenn er mich an den Wochenenden besuchen kommt, ist die Stippvisite bei Luki. Der kleine Racker ist ganz wild drauf, unsere Hände und Arme mit seiner rauen Zunge abzulecken, ohne dessen irgendwann überdrüssig zu werden.

Frank ist ganz vernarrt in den kleinen Luki

Lukis Schicksal

Leider hat er einen eitrigen und entzündeten Nabel und entwickelt sich nicht so gut, wie er sollte. Theresia versorgt ihn mit allerlei Mittelchen und schöpft von Homöopathie bis Kräuterkunde sämtliche Alternativen aus. Der Tierarzt spritzt Medizin und dennoch zieht sich die Entzündung endlos hin, bis die Wunde endlich aufbricht und somit ausheilen kann.

Sein entzündeter Nabel hindert den Kleinen unglaublicherweise aber nicht daran, aus seinem Verschlag zu hüpfen, der fast so hoch ist wie er selbst, wodurch er beim Springen sicherlich mit dem Nabel an den oberen Latten scheuert. Einmal entwischt er dabei sogar aus dem Stall, als Theresia einen Moment nicht aufpasst.

Das gibt ein Spektakel, als dieses kleine Wesen tollpatschig und staksend mit unbeholfenen, putzigen Bewegungen über die Almwiesen tollt. Die vorbeikommenden Wanderer überschlagen sich vor Entzückungsrufen und kramen sofort die Fotokameras aus den Rucksäcken. Aber ein Stierkälbchen hat nun mal oft das Schicksal, dass ihm kein sehr langes Leben beschert ist. Durch die Nabelentzündung wird der Verkauf des Kälbchens hinausgezögert, weil der Kleine wegen seiner Krankheit nicht so viel an Gewicht zunimmt, wie nötig wäre. Doch Ende Juli ist es soweit und Luki hat endlich ein relevantes Verkaufsgewicht von 80 kg erreicht. Wir müssen traurig Abschied nehmen. Mit dem Transporter wird er abgeholt und gemeinsam mit vielen anderen Kälbchen vermutlich nach Italien gebracht, wo Kalbfleisch bekann-

Luki und Lisa – große Liebe oder kleiner Flirt?

termaßen sehr beliebt ist. Die Kälber werden dort weiter aufgepäppelt, bis sie ihr Gewicht in etwa verdoppelt haben, um die maximale Fleischausbeute zu erreichen.

Weißes Fleisch gibt's nur vom Milchkalb

Um mal als Kalbfleisch auf dem Tisch zu landen, dürfte Luki nur Milch bekommen und kein Gras oder Heu erwischen, denn nur so bleibt das Fleisch so schön hell. Ich bin durch meine Almzeit sicherlich keine Vegetarierin geworden und ich schätze die italienische Küche mit ihren zahlreichen Kalbfleischgerichten sehr. Aber ich muss sagen, dass ich den Verzehr von Kalbfleisch ab jetzt auf besondere Anlässe reduzieren werde. Wenn ich da so an den Luki denke …

Heile, heile Segen – wenn Kühe krank sind

Der kleine Luki ist in diesem Sommer nicht der einzige Patient auf der Alm – immer wieder kommt es zu kleinen und größeren „Wehwehchen" bei den Tieren in meinem Stall. Die häufigsten Probleme haben die Kühe mit den Beinen beziehungsweise mit den Klauen, denn der Untergrund auf der Alm ist rau und steinig, oder *wax*, wie man in Tirol dazu sagt. Die Kühe knicken auf den Wiesen um oder treten sich auf den Wegen Steinchen in ihre weichen Klauen. Solche Steinchen, auch wenn sie noch so klein sind, können eitrige und schmerzhafte Entzündungen hervorrufen, die so rasch wie möglich behandelt werden müssen. Im schlimmsten Fall entwickelt sich ein verletzter Fuß so dramatisch, dass keine Heilung in Aussicht ist und die Kuh geschlachtet werden muss, wie im Fall von Lisa.

Das sollte aber doch die Ausnahme bleiben. Also ziehen wir bei den folgenden Patientinnen alle Register, um sie wieder herzustellen. Eine Kuh, die nicht mehr laufen kann, wird auf tirolerisch als *krump* bezeichnet. Feigl ist die Nächste, die

krumpt, und zu allem Übel erwischt es sie an beiden Hinterbeinen gleichzeitig. Ich muss sie kurz nach dem Abtransport von Liserl auch für einige Tage im Stall behalten. Ein nicht unerheblicher Mehraufwand, denn ich muss sie nicht nur mit Wasser und frischem Heu versorgen, sondern auch kiloweise ihren Mist wegschaufeln, den sie im Laufe des Tages von sich gibt.

Kersch folgt dem schlechten Beispiel ihrer Kollegin kurz darauf. Es ist fast unmöglich, die kranke Kersch morgens zur gleichen Zeit wie den Rest der Herde in den Stall zu bringen, da sie sich nur sehr langsam und bedächtig vorwärts bewegen kann. Sie kommt erst angehumpelt, wenn die letzte Kuh bereits gemolken ist.

Meine Kälbchen bleiben glücklicherweise von schlimmen Krankheiten verschont.

Ich mache mir Sorgen

An einem Vormittag schließlich steht Kersch unterhalb von Theresias Hütte nicht mehr auf und kapituliert vor den letzten fünfzig Metern bis zum Stall. Ich schaffe es nur mit viel Mühe und rabiatem Stockeinsatz, kombiniert mit beruhigenden und tröstenden Worten, sie nach Hause zu bringen. Aus den Stellen, wo sich die Klauen am Hinterbein schon etwas ablösen, rinnen Eiter und Blut.

Dieser Kampf, das arme Tier trotz seiner offensichtlichen Schmerzen antreiben zu müssen, ist für mich ebenso grausam wie für Kersch. Ich leide so mit, dass mir davon übel wird. Der Bauer ist über die aufgebrochenen Wunden eher erleichtert als geschockt wie ich. Es sei ein gutes Zeichen, wenn „der Dreck rauskommen kann", meint er. Trotzdem bleibt ab jetzt auch die große Kersch für ein paar Tage im Stall.

Der Bauer möchte bei fußkranken Kühen eine medikamentöse Behandlung vermeiden, um die Milch nicht unbrauchbar zu machen. Sicherlich auch, weil er die Kosten scheut, denn der Milchpreis ist nicht hoch. Der Tierarzt schabt bei seinen Besuchen also nur oberflächlich die Klauen aus, soweit das ohne Klauenstand möglich ist. In einem Klauenstand wird die Kuh in eine Art Käfig gebracht, in dem sie keine Bewegungsfreiheit mehr hat, also nicht um sich schlagen kann. Mit einer Seilwinde kann dann der kranke Fuß hochgezogen werden und liegt fest in einer Schlinge, was ein Ausschlagen der Kuh mit dem Fuß unmöglich macht. Wir haben jedoch keine solche Vorrichtung im Stall.

Mit Kraft, Sorgfalt und unbeirrbarer Geduld schneidet Hermann die Klauen aus.

Hermann, der Klauenschneider

Es gibt noch jemanden, der das Handwerk des Klauenschneidens auch ohne dieses Hilfsmittel beherrscht, so wie es auch früher gemacht wurde. Den ruft mein Bauer Hans jetzt zu Hilfe. Hermann ist ein großer, stämmiger älterer Mann mit breitem Kreuz und weißgrauen Haaren. Er kommt mit einem großen Geländewagen auf die Alm herauf. Nach kurzer Inspektion der kranken Tiere zieht er seine Arbeitskleidung an: ein Blaumann und ein rotes Käppi. Dann gibt er Instruktionen, was zu tun ist.

Zunächst ist Feigl dran. Ihr wird ein Nasenring eingesetzt, an dem ein langes Seil hängt. Diese Aktion stellt die erste Herausforderung dar, denn sie hat darauf überhaupt keine Lust und versucht, ihre Hörner einzusetzen, um den Vorgang zu verhindern. Aber Hermann ist geübt und flink und ehe sie sich versieht, hat sie einen Ring in der Nase und Hermann schwingt das Seil, das am Ring befestigt ist, geschickt über einen Balken im Stall. Das Seilende drückt er meinem Freund Frank in die Hand, der an diesem Tag glücklicherweise bei mir ist und direkt als OP-Assistent eingesetzt wird. Der Kopf der Kuh wird durch den Ring und das Seil nach oben gezogen, sodass sie fast bewegungsunfähig ist und ihre Hörner keine Gefahr mehr für den Operateur darstellen.

Spitzwegerich, der auf den Almwiesen wächst, ist ein vielseitiges Heilmittel.

Der Klauenschneider positioniert sich mit dem Rücken zu Feigl und packt den entzündeten Fuß, um ihn mit großem Krafteinsatz auf einen etwa 50 cm hohen Holzblock zu wuchten, den er zwischen seinen Knien platziert hat. Ich bin erstaunt, wie er es schafft, den Fuß der Kuh festzuhalten, während sich das Schwergewicht Feigl mit aller Kraft dagegen wehrt. Auch wenn sie durch Seil und Nasenring in Schach gehalten wird, kann sie mit ihrem Körper dennoch enorme Kräfte entwickeln. Außerdem ist sie durch ihr Gewicht eigentlich im Vorteil. Später zeigt uns Hermann seine Narben, die er in den Jahrzehnten seiner Arbeit mit den Tieren davongetragen hat. Eines ist klar: Das ist kein ungefährlicher Job! Aber er führt alles mit so viel Hingabe, Professionalität und Überzeugung aus, dass ich nicht an der Wirkung seines Tuns zweifle.

Als er bei Feigls Behandlung zum Kern des Problems vordringt, wird es ziemlich blutig. Die Hornschichten an Feigls Klauen hat er inzwischen soweit abgetragen, dass der Übeltäter in Form ei-

nes kleinen Steinchens zum Vorschein kommt, umgeben von Eiter und Blut, das jetzt nach allen Seiten spritzt. Die kranke Kuh verdreht wie im Wahn die Augen. Da ich die ehrenvolle Aufgabe habe, mit der Taschenlampe die „Operation" auszuleuchten, bin ich gezwungen, mir das Geschehen bis zum Ende anzusehen. Hermanns Blaumann ist inzwischen nicht nur voll Blut und Eiter, sondern auch voller Kuhmist, nachdem die Angst und Aufregung wohl die Darmaktivität von Feigl angeregt haben. Ein absurder Anblick, aber Hermann lässt sich nicht beirren, hält mit großer Ruhe dagegen, ist zufrieden mit dem Ergebnis und reinigt und desinfiziert die Wunde sorgfältig.

Auf dem Weg der Besserung

Ich suche alte, aber saubere Stofffetzen zusammen und wir verbinden den Fuß mit Stoff und Zwirn. Inzwischen mache ich mir weniger Sorgen um Feigl als um Frank, der kreidebleich mit letzter Kraft versucht, das Seil der sich wehrenden Kuh noch festzuhalten. Der Anblick der leidenden

Feigl und das viele Blut haben ihn etwas in Mitlei-
denschaft gezogen.

Auf diesen Schreck müssen wir alle einen kleinen
Schnaps trinken und am liebsten würde ich Feigl
zur Belohnung auch ein Stamperl einschenken.
Aber sie erhält ihre Belohnung in Form von frischem Wasser und Heu und das schönste Geschenk bekommt sie ohnehin ein paar Tage später, als ihre Füße wieder gesund sind. Zunächst
langsam und vorsichtig, aber letztendlich voll
genesen, zieht sie wieder mit der Herde. Auch
bei Kersch erfolgt noch ein Eingriff durch den
Klauenschneider, der zwar nicht so langwierig
ist wie bei Feigl, aber umso mehr körperlichen
Einsatz fordert, da sie bereits die Behandlung
ihrer Stallkollegin mitbekommen hat und sich
schon wehrt, als wir uns ihr nur nähern. Aber
auch bei ihr stellt sich bald danach Besserung ein
und die Zeit meiner *krumpaten* Kühe ist endlich
vorbei.

*Auf den Almwiesen wachsen nützliche Kräuter,
aber auch Giftiges ist zu finden.*

Bewährte Hausmittel

Das einfachste Hausmittel, das wir bei jeder
Schwellung und Entzündung bei den Tieren an-
wenden, ist die Urintherapie. Das bedeutet, dass
ich während der Melkarbeit auch immer einen
Eimer griffbereit habe, um den plätschernden
Urinwasserfall einer Kuh aufzufangen und dann
über die wunden Füße der anderen zu schütten.
Der Urin soll eine desinfizierende Wirkung haben
und gleichzeitig die Schwellung kühlen.

Wenn die Entzündung schon im Gelenk angekommen ist, empfehlen sich Fußbäder mit Kamillen-

tee oder Kernseife, wie mir Klara und Theresia
verraten. Ich pinsele die entzündeten Klauen
meiner Damen außerdem mit schwefelhaltigem
Tiroler Steinöl aus dem Karwendelgebirge ein,
das wie eine Art Zugsalbe wirken soll. Die kleinen Verletzungen des Alltags, wie zum Beispiel
wunde Zitzen, behandle ich regelmäßig mit Melkfett, einer Art Vaseline, die in keinem Stall auf
der Alm fehlen darf. Ich verwende es zwischenzeitlich auch für meine, von den chemischen
Waschmitteln wund gescheuerten Hände. Ich bin
sehr vorsichtig, wenn die empfindliche Haut am
Euter bei einer der Kühe aufgerissen ist. Natürlich
reagiert sie sensibel, wenn ich sie an den wunden
Stellen beim Anmelken anfasse, und sie schlägt
dann reflexartig mit ihren Hinterbeinen nach mir.
Das Einreiben mit Melkfett dagegen scheint ihnen
angenehm zu sein und ich verwöhne sie gerne.

Ameisentherapie gegen Adlerfarn-vergiftung

Am Ende des Sommers bekomme ich noch einen ganz besonderen Patienten aus der Galtviehherde von der Niederalm. Einer der *Färslinge* hat die *Firm*, wie der Bauer es nennt, wenn das Tier statt Urin nur noch Blut lässt und insgesamt sehr geschwächt ist. Oft wird diese Krankheit auch *Stallrot* genannt und der Bauer hat mir schon mehrmals davon erzählt. Ich weiß, dass er das bei den Kälbern und dem Jungvieh besonders fürchtet. Nun hat er das kranke Tier bei seinen Kontrollbesuchen auf der Niederalm entdeckt und bringt mir den Patienten mit Traktor und Anhänger in den Stall zur Pflege.

Der Neuzugang entpuppt sich als wahrlich undankbarer Patient. Das Tier war den ganzen Sommer über in der freien Natur, ein Leben ohne Regeln, ohne Stall und ohne Menschen gewöhnt. Entsprechend gewaltig wehrt sich die junge Wilde jetzt gegen die neue Unterkunft, getrennt von ihrer Herde und mit den vier staunenden Kälbchen als Nachbarn. Natürlich ist unter den gegebenen Umständen dieses Verhalten verständlich, aber meine Geduld wird doch stark strapaziert. Die Patientin lässt mich nicht an sich heran, schreit und tobt und wirft sogar den großen Wasserkübel um, den ich ihr bereitstelle.

Als Medizin verordnet der Bauer Ameisen und hat davon auch gleich schon einen Eimer voll mitgebracht. Gemischt mit leckerem Kraftfutter lässt sich unsere Patientin die Ameisen tatsächlich schmecken. Die Säure der kleinen Tierchen soll ihr helfen. Die Antworten, die ich auf meine Nachfrage höre, was diese Krankheit eigentlich auslöst, sind vielfältig und reichen von Zecken bis hin zu giftigen Almblumen. Letzteres stellt sich als die richtige Erklärung heraus. Besonders junge Rinder sind gefährdet, wenn sie von der giftigen Adlerfarnpflanze fressen, die in dieser Gegend häufig an den Waldrändern wächst. Erfreulicherweise scheint die Ameisentherapie zu wirken.

Drei Tage lang gehe ich mit dem Kraftfuttereimer zu einem der großen Ameisenhaufen am Waldrand und hole mit einem Holzstöckchen die nötige Ration der kleinen Tierchen heraus, die meine Patientin zu fressen bekommt. Tatsächlich kommt sie wieder auf die Beine und ihr Urin normalisiert sich. Sie hat sich in der Zwischenzeit sogar an ihr neues Zuhause gewöhnt und läuft jetzt friedlich und munter mit meinen anderen Kühen auf die Weide.

Die Almapotheke – Schätze von der Almwiese

Heilmittel aus der Natur gibt es auf der Alm genügend. Wer in der Almapotheke die passende Medizin bekommen will, muss eigentlich nur auf den Boden schauen und Ahnung von Kräutern haben. Beides ist für mich neu, denn ich habe auf Wanderungen eher in die Ferne geschaut und Kräuter nur im Drogeriemarkt, in Teebeutelchen verpackt, gekauft. Dabei ist es unglaublich spannend, die Heilkräuter der saftigen Almwiesen zu entdecken. Ich lerne vor allem viel von Theresia, von der ich auch sämtliche Alpenkräuterbücher ausleihe und diese wissbegierig an den langen Regentagen in der Hütte verschlinge. Ich bin hochmotiviert, mein theoretisches Wissen in die Praxis umzusetzen, und am nächsten sonnigen Tag ziehe ich los – mit einem Stoffbeutel ausgestattet und mit Theresia als Verstärkung an meiner Seite.

Frauenmantel

Das faszinierendste Kraut ist für mich der Frauenmantel, denn es wächst bei genauem Hinsehen beinahe flächendeckend auf den Almwiesen. Am schönsten ist es, morgens beim Kühe holen Frauenmantelblätter zu entdecken, die noch den Tautropfen bewahrt haben. Diesen kann man sich übrigens gerne schmecken lassen, denn es wird ihm eine nachhaltig beruhigende und stärkende Wirkung nachgesagt. Wie der Name vermuten lässt, hilft das Kraut als Tee gegen die monatlichen Frauenbeschwerden, schmeckt allerdings eher nach aufgebrühtem Heu. Deshalb bietet es sich an, die Blätter mit der wohlschmeckenden, weiß blühenden Schafgarbe zu kombinieren, die auch durch ihre krampflösende Wirkung eine optimale Ergänzung ist.

Zahlreiche Silberdisteln schmücken die Almwiesen im späten Sommer.

Der kostbare Tautropfen im Frauenmantel.

Mit Rotkleeblüten lässt sich wunderbar Salat bereichern.

Johanniskraut

Am liebsten von allen Kräutern ist mir das Johanniskraut, das in gelber Pracht im Graben hinter meiner Hütte wuchert. Es ranken sich viele Legenden um dieses Kraut, das unter anderem gegen Depressionen hilft. Sogar der Teufel soll sich daran die Zähne ausgebissen haben, womit die winzigen Löchlein in den zarten Blüten gerne erklärt werden.

Ich trockne das Kraut nicht nur, um Tee zu machen, sondern stelle auch mein eigenes Johannisöl her, das gegen Verbrennungen, Verstauchungen, Schwellungen und Hexenschuss wunderbar wirken soll. Dafür kommen die frischen Blüten in eine Flasche und werden mit Pflanzenöl aufgegossen. Nach einigen Wochen färbt sich das Öl rötlich und sollte möglichst an einem dunklen Ort oder in einer dunklen Flasche aufbewahrt werden. Ich bin unendlich stolz auf meine erste eigene Tinktur.

Brennnessel

Schmerzliche Erfahrungen mache ich mit den Brennnesseln. Trotz vorsorglich verwendeter Gummihandschuhe brennen die Hände nach dem Pflücken, als würde eine ganze Ameisenkarawane durch meine Nervenbahnen wandern. Aber die Mühe lohnt sich, denn die getrockneten Blätter helfen mir als Tee aufgebrüht oft bei Blasenentzündung. Die Blütensamen sind eine besondere Entdeckung: Getrocknet werten sie einfaches Butterbrot auf oder sind eine schöne Dekoration für die Kartoffelsuppe auf der Alm.

Rotklee

Eine andere Blüte, die mich den Sommer über begleitet, ist die des Rotklees, den ich natürlich schon vorher kannte, ohne aber um seine Wirkung zu wissen: östrogenartig, leicht cholesterinsenkend und mit positiver Wirkung auf den Gesundheitszustand im Allgemeinen. Jeden Tag esse ich ein paar der frischen Blüten von der Wiese und bilde mir ein, dass durch die östrogenartige Wirkung meine Haut viel zarter und reiner wird. Der Bauer lacht mich aus, als ich davon erzähle, und hänselt mich, ich würde den Kühen das Gras streitig machen.

Himbeerblätter und Augentrost

Davon ungerührt bin ich weiterhin begeistert von all dem alten Wissen, das für mich jetzt so neu ist, und meine Küche wird zur Kräutertrockenkammer umfunktioniert. Mit Verwunderung lese ich, dass ich von den Himbeerstauden, die wild unter meiner Terrasse wachsen, nicht nur die Früchte essen, sondern auch die Blätter für einen Tee verwenden kann. Ich entdecke das zarte Augentrostblümchen mit der gelben Landeanflugbahn für Insekten in seinem Blütenkelch, das ich in Form von Augentropfen auch meinen Kätzchen verabreiche.

Weidenröschen und noch viel mehr

Ich stelle erstaunt fest, dass große Mengen des Kleinblütigen Weidenröschens, das gegen Prostatabeschwerden hilft, auf meiner Güllegrube gedeihen. Zum ersten Mal achte ich auch auf unscheinbare Pflanzen wie das Hirtentäschel, das zur Blutstillung eingesetzt wird, oder die violette kleine Blüte der Braunelle, die bei Verdauungsbeschwerden hilft.

Das Weidenröschen wächst sogar auf der Güllegrube.

Besonders aufwendig zu sammeln sind die winzigen Blütenblätter der Taubnessel, die entzündungshemmend wirken, und ich bin tief gerührt und erfreut, als mir Marei am Ende als Abschiedsgeschenk eine kleine Tüte der kostbaren Ernte in die Hand drückt. Von Klara bekomme ich zum Abschied auch ein selbstkreiertes Geschenk im Wissen um meine Begeisterung für die Heilkräfte der Natur: Aus dem roten Holler, der auch Bergholunder genannt wird, und zahlreich auf unserer Alm wächst, macht Klara in einer langwierigen Geduldsarbeit Marmelade und Saft. Ich finde, die knallroten Beeren sehen giftig aus, und tatsächlich sollte man sie nicht in rohem Zustand verzehren. Über die Wirkungsweise und Anwendungsgebiete des roten Hollersaftes habe ich bisher keine verlässliche Quelle gefunden – laut Klara hilft er bei Husten und Heiserkeit. Mir ist es egal, und ich freue mich, dass am Ende ein Fläschchen zum Probieren in meinem Gepäck landet.

Duftender Majoran.

Eine ganz besondere Überraschung aber ist für mich, dass hier Kümmel, Majoran und wilder Thymian wachsen! Der Thymian ist im Gegensatz zu dem bekannten mediterranen Küchenkraut nicht so aromatisch, aber der Majoran duftet einfach herrlich und ich verwende die frischen Kräuter gerne in meiner Küche.

Ich staune immer wieder über die Vielfalt der Kräuter, die hier zu finden sind und vor allem darüber, dass ich sie zuvor noch niemals wahrgenommen habe. Wie viel Wissen ist uns Stadtmenschen inzwischen verloren gegangen!

Zum ersten Mal erlebe ich auch bewusst mit, wie sich die Almwiesen im Lauf des Sommers verändern und immer wieder neue Blüten und Farben hervorbringen. Die Flora hinkt auf diesen Höhenlagen den Talblumen in der Zeit um ein paar Wochen hinterher und so blühen bis in den Juli hinein noch zahlreiche Margeriten auf den Almwiesen. Sie erfreuen mich auch in der Vase auf meinem Tisch. Im August sind die Wiesen plötzlich übersät mit wunderschön blühenden Silberdisteln, die den nahen Herbst andeuten.

Auch die Herbstenziane, wie meine Almnachbarn sie nennen, sind herbstliche Vorboten und verzieren die Almwiesen mit lilablauen Farbklecksen. Die zartere Variante der beiden ist eine langstielige Pflanze mit vielen zerbrechlich wirkenden blauen Blütenkelchen und heißt in der Fachsprache Schwalbenwurzenzian. Der Raue Enzian dagegen ist kleiner und gedrungener mit hellvioletten Blüten, die in engen Gruppen wachsen.

Ich entdecke mit Theresia an entlegenen Stellen seltene Pflanzen wie das Alpenveilchen und wenn die Kühe zu langsam trotten, sammele ich, anstatt sie anzutreiben und mich aufzuregen, an besonders schönen Tagen Blumen, alte Wurzeln und Kräuter, um danach Gestecke und Tees zu machen. Das ist ohnehin vernünftiger, denn die Kühe haben ihren eigenen Willen und es bringt nichts, sie schneller machen zu wollen, als sie gerade sind. Manchmal zeigt meine Almauszeit wohl doch ihre Wirkung – ich werde tatsächlich ruhiger und geduldiger – zumindest ein bisschen.

Der Raue Enzian kündigt das Ende des Sommers

An allen Hängen leuchten die pinkfarbenen Oimreserl, wie sie in Tirol genannt werden – hochdeutsch: Almröschen.

Schönheitstipps – Körperpflege auf der Alm

Ich habe kein Badezimmer in meiner Hütte. Das Spülbecken in der Küche ist gleichzeitig mein Waschbecken. Gleich daneben an der Wand hängt ein kleiner Spiegel mit einem Holzbrett als Ablage, auf dem alle meine Cremes und Puderdosen, Tuben und Tiegel stehen, die ich bis dahin zu brauchen glaubte.

Sehr schnell reduzieren sich die notwendigen Kosmetikartikel auf Zahnpasta und -bürste, Gesichtscreme und Haarbürste. Ich frage mich, wofür ich all die anderen Cremes und Wässerchen bisher benötigt habe. Eiskaltes Wasser, kein Make-up, frische Luft und ab und zu ein bisschen Kuhfladen im Gesicht beim Melken: Meine Haut ist so frisch und schön wie sonst nie. Auch meine Haare sind einfacher zu pflegen. Normalerweise kann ich meiner struppigen und vom kalkhaltigen Münchner Leitungswasser ausgetrockneten Mähne nur mit dem Glätteisen beikommen, um zu vermeiden, dass sie wild nach allen Seiten absteht. Hier auf der Alm werden meine Haare plötzlich seidig glänzend und fallen in weichen Locken über meine Schultern, wie ich es sonst nur aus der Fernsehwerbung kenne.

Almleben macht glücklich und Glück macht schön.

Shampoo für die Kühe

Auch bei den Kühen kümmere ich mich um die Lockenpracht, nämlich um die ihrer Schwanzhaare. Die Schwänze der Damen werden, sobald sie im Stall an ihrem Platz stehen, nach oben gebunden. Dazu wird eine Gummihalterung so fest wie möglich um die Schwanzhaare der Kühe geschlossen. Diese Halterung ist an einer Schnur befestigt, die wiederum an einem elastischen Drahtseil hängt, das durch den Stall gespannt ist. So wird vermieden, dass die Schwänze im Kuhmist „baden", wenn die Tiere sich zum Ruhen hinlegen. Gleichzeitig bleibt ihnen genug Bewegungsfreiheit, um die Fliegen verscheuchen zu können.

Es bewährt sich, die Schwänze anzuhängen, was jeder bestätigen kann, der schon mal beim Melken einen Kuhschwanz ins Gesicht bekommen hat. Ein enormer Schwung, der dahinter steckt. Wenn der Schwanz dann auch noch voller Kuhmist ist, kann es für den Melkenden so richtig unangenehm werden.

Natürlich machen sich die meisten meiner Damen trotzdem immer wieder schmutzig und reißen sich aus der Halterung los, wenn ich sie nicht fest genug angelegt habe. Deshalb wasche ich auf Anweisung meines Bauern die Schwanzhaare meiner Kühe jede Woche einmal mit Shampoo, sodass sie nicht nur

„die schönsten Kühe der Alm"

sind, wie der Bauer zu sagen pflegt, sondern auch noch gut duften. Für diesen Zweck hat er eine ganze Sammlung an Shampoo-Probepäckchen angelegt, die ich nutze, wenn ich mit meinem kleinen Eimer von Kuh zu Kuh laufe und die Schwanzhaare in das warme Shampoo-Wasser tauche. Das Wasser färbt sich relativ schnell braun und muss zwischendurch gewechselt werden. Im Anschluss folgt dann noch ein Spülgang mit klarem Wasser und meine Damen können frisch gestylt wieder jeden Kuh-Model-Contest auf der Trainsalm gewinnen.

Gesichtspackung

Ab und zu eine Ladung Kuhmist ins Gesicht geschleudert zu bekommen, lässt sich aber trotz aller Vorsichtsmaßnahmen und angebundener Schwänze nicht ausschließen. Der Stall ist sehr klein und es genügt, dass eine Kuh husten muss, während sie ihr Geschäft verrichtet, um den ganzen Mist durch den Stall fliegen zu lassen. Mehr als einmal gerate ich in die Schusslinie, während ich auf der gegenüberliegenden Stallseite beim Melken bin. Dann schimpfe und fluche ich zwar ein bisschen, aber ich muss auch gleich lachen, wenn der Bauer Hans pragmatisch erklärt:

Das Almleben hält Marei seit Jahren fit und jung.

„Andere zoin vui Geld, dass a so a guade Gsichtsmaskn griagn!"

„Andere zahlen viel Geld dafür, um so eine gute Gesichtsmaske zu bekommen." An meine Haut kommt also in diesem Sommer nur Kuhmist, Höhenluft und eiskaltes Wasser. Das kommt zwar in meiner Hütte aus der Leitung, aber natürlich ist es trotzdem frisches Bergwasser. Der Bach, aus dem es stammt, fließt direkt an meiner Hütte vorbei. Das Wasser wird von dort in die Aufbereitungsanlage oberhalb unseres Almdorfs gepumpt, die vor einigen Jahren erst modernisiert wurde. Hinter dicken Betonmauern geschützt, wird dort das Bachwasser mit UV-Strahlen entkeimt, bevor es in unsere Hütten geleitet wird.

Ziel dieser Modernisierungsmaßnahme war nicht, die Trinkwasserqualität, sondern die Qualität des Waschwassers für das Melkgeschirr zu verbessern, sodass es möglichst wenig Keime aufweist und somit eine hohe Milchqualität gewährleistet ist. Wir sind also mit keimfreiem Wasser bestens versorgt. Nur Marei traut dieser modernen Sache nicht so recht und geht täglich, mit einem Kanister ausgestattet, den steilen Weg zum Bach hinunter, um sich ihr Trinkwasser von dort selbst zu holen.

Der Luxus einer Dusche

Das warme Wasser wird in der Hütte aufbereitet. Durch das Aggregat, das während des Melkens läuft, wird ein Teil des Wassers erwärmt. Das brauche ich zum Waschen des Melkgeschirrs und des Milchtanks, um den Milchzucker besser abzulösen. Erfreulich ist das auch für mich, weil in der Regel etwas warmes Wasser übrig bleibt, das ich für eine kurze Dusche nutzen kann. Die kleine einfache Duschkabine in der Ecke des gefliesten Milchkammerls hinter dem Stall ist zwar nicht sonderlich luxuriös, aber im Grunde schon mehr, als man in einer alten Almhütte erwarten kann. An manchen Tagen, wenn das Thermometer im August auf fast winterliche Temperaturen fällt, kann ich mich trotz allem kaum überwinden, in diesem kalten und ungeheizten Raum meine Kleider auszuziehen und in die Dusche zu steigen. Eine tägliche warme Dusche ist eben ein Luxus und nicht selbstverständlich – das wird mir hier wieder bewusst.

Der Duft der Alm

Die Arbeit bringt es mit sich, dass man nach Kuhstall riecht und irgendwann nicht nur die Stallkleidung, sondern auch meine normale Kleidung kontaminiert ist. Ich kann besser denn je verstehen, warum ein Bauer ein extra *Sonntagsgwand* braucht. Der Geruch dringt in alle Fasern der Kleidung ein und ich benötige nach der Almzeit zwei Intensivwaschgänge, um alle meine Sachen wieder stadttauglich zu machen. Aber auf der Alm riechen wir alle so und es fällt deshalb nicht weiter auf.

Glück ist der beste Schönheitstipp.

Ohne Luxus zurück zur Natur: Das gilt auch für die Körperpflege auf der Alm und trotzdem – oder gerade deswegen – fühle ich mich wohler denn je in meiner Haut. Vielleicht hat es auch damit zu tun, dass ich mich über all die Monate nie im Ganzkörperspiegel sehe, der mir vielleicht das ein oder andere Fettpolster vorgaukeln könnte. Oder auch, dass ich keinen Kosmetikspiegel habe, der meine Poren und Falten vergrößert zeigt und mich unzufrieden machen würde. Ich spüre nur, wie ich aussehe und ich fühle mich schön. Vermutlich liegt das nicht nur an dem guten Wasser, sondern vor allem am Glück, das ich hier empfinde und das mich von innen heraus strahlen lässt.

*Theresia und ich im oimerischen
Sonntagsgwand.*

Almleben
und was bleibt...

Der Sommer ist vorüber und es heißt Abschied nehmen –
von den Tieren und lieb gewonnenen Menschen – ich gehe in
die Stadt zurück, mit einem Rucksack voller Erinnerungen.

Besuch von „dahoam" – willkommene Gäste aus der Stadt

Eigentlich wollte ich ursprünglich alleine sein auf der Alm, mich einsam weitab von allem Vertrauten verkriechen und nur brieflichen Kontakt halten zu den Daheimgebliebenen – ich habe sogar nur wenigen verraten, auf welche Alm es mich zieht, um Besuch zu vermeiden. Aber nach einer Weile stellt sich heraus, dass mir so mancher Besuch von *dahoam* doch große Freude bereitet. Nicht zuletzt deshalb, weil ich mein neues Zuhause mit Stolz präsentieren, die neu erworbenen Fähigkeiten vorführen und mein Wissen weitergeben möchte.

Frank

Besonders nach meinem Unfall bin ich froh über Aushilfen aus der Stadt, die mir bei der Arbeit sogar zur Hand gehen. Mein Freund Frank, der meiner Auszeit als Sennerin zunächst sehr kritisch gegenüberstand, verliebt sich mit jedem Wochenende, das er bei mir verbringt, selbst immer mehr in das Almleben. Er wird durch meinen Bänderriss sozusagen unfreiwillig zum Hilfshirten, der die Tiere heimtreibt und die kleinen wilden Kälbchen im Stall bändigt, mit denen er ganz besondere Freundschaft schließt.

Mein Freund Frank – Besuch und tatkräftige Hilfe zugleich.

Frank und Wildfang sind die besten Freunde.

Alle Tätigkeiten rund um die Melkarbeit bleiben aber weiterhin größtenteils mir überlassen, denn ich muss auch für die Qualität der Milch geradestehen und da lasse ich nur ungern „Laienpersonal" ans Werk, wie ich immer mit einem Augenzwinkern erkläre. Aber die schweren und undankbaren Aufgaben rund um die Stallarbeit gebe ich mit Vergnügen für ein paar Tage ab, wie zum Beispiel den Kuhmist vom Schotter vor dem Stall wegzukratzen, wo jede der Damen sich nach dem Abendmelken auf dem Weg zum Wassertrog einmal entleert.

Arbeit geht zu zweit leichter von der Hand. Ein weiterer Vorteil der Zweisamkeit ist, dass ich von den begnadeten Kochkünsten meines Freundes profitiere. Er bringt jedes Mal einen großen Korb frischer Lebensmittel, Gemüse, Wein und anderer kulinarischer Genüsse mit und abends während der Stallarbeit steigt mir oft schon der Duft von Schweinebraten oder anderen Leckereien aus der Küche in die Nase. Wenn ich allein bin, kann es schon passieren, dass ich am Abend zu erschöpft bin, um mir noch etwas zu essen zu machen, und ich falle oft mit leerem Magen ins Bett. Geteilte Arbeit heißt außerdem, dass auch einmal Luft ist, um in ein paar kurzen Wanderungen am frühen Nachmittag die Umgebung zu erkunden und dann faul in der Sonne zu liegen. An einem Sonntag wagen wir sogar einen kurzen Ausflug auf die benachbarte Mariandlalm, um dem Gerücht nachzugehen, dass dort die leckersten Kaspressknödel weit und breit serviert werden – und wir können es tatsächlich bestätigen!

Kaspressknödel auf der Mariandlalm – ein Genuss!

Eva, Stefan und andere Gäste

Die ersten vertrauten Tagesausflügler sind meine beste Freundin Eva und ihr Mann Stefan. Obwohl sie für gewöhnlich die Berge eher scheuen, schnüren sie die Wanderstiefel, um meine neue Wahlheimat zu sehen. Und gerade an diesem Tag, an dem ich mit meiner atemberaubenden Sicht auf den Wilden Kaiser und die großen Gletscher prahlen will, an dem ich meine Alm und meine neue Bleibe am liebsten im allerbesten Lichte präsentieren möchte, genau an diesem Tag sorgen nach drei Wochen durchgängigem Sonnenschein zum ersten Mal Nebel und Regen für so schlechte Sichtverhältnisse, dass man kaum bis zur nächsten Almhütte sehen kann. Ich bin enttäuscht.

Mein ehemaliger Arbeitskollege Daniel erwischt zwei Wochen später besseres Wetter für eine

Ich genieße es, meinen Freunden die Schönheit meiner Wahlheimat zu präsentieren.

Wanderung und stärkt sich gerne bei mir mit selbst gemachten Tiroler Kaspressknödeln, für deren Bezahlung er direkt im Anschluss als Kuhtreiber tätig werden darf.

Sogar meine Eltern besuchen mich, trotz aller Bedenken, die sie gegenüber meinen Almplänen hatten. Und sie staunen nicht schlecht über die einfachen Verhältnisse, in denen ich es aushalte, und auch darüber, wie souverän ich in ihren Augen meine Arbeit hier verrichte! Aber meine Mutter, die vor den kleinen Kälbchen auf die Terrasse flüchtet, ist froh, am Abend wieder fahren zu können. Meine beste Freundin Eva dagegen ist den Kälbchen außerordentlich zugetan, und als sie mich am Ende des Sommers noch einmal besuchen kommt, kann ich ihr endlich die herrliche Aussicht vorführen, die sich schließlich doch noch von ihrer besten Seite zeigt.

Das Schönste am Besuch von Freunden ist eigentlich, das ich meine Begeisterung teilen kann. Ich bin so stolz darauf, Sennerin zu sein und freue mich, anderen zu zeigen, was ich alles gelernt habe. Ich genieße es, all meine Eindrücke zu vermitteln, mit meinen einfachen und bescheidenen Mitteln ein schönes Essen zu zaubern und Freunde und Bekannte mit meinem Glücksgefühl anzustecken.

Durch den Besuch aus der Stadt wird mir aber auch wieder bewusst, wie anders ich hier lebe und in welch gewaltiger Diskrepanz das alles zu meinem eigentlichen Leben in der Stadt steht.

Wo ist mein Platz, frage ich mich dann manchmal? Werde ich denn nach diesem Sommer auch wieder zum Stadtmädel werden? Ich kann es mir kaum vorstellen.

Wer klopfet an – das soziale Leben auf der Alm

Nicht nur Besuch von *dahoam* beehrt mich auf der Hütte, sondern auch zahlreiche zuvor unbekannte Gäste. Die tauchen allerdings meist unerwartet auf. Die Freude darüber hält sich bei mir eher in Grenzen. In dieser Hinsicht habe ich die größten Anpassungsschwierigkeiten und merke ganz deutlich, dass ich ein Stadtmensch bin, der sich nur schwer auf das sehr eng vernetzte soziale Leben in solch einem dörflichen Gefüge einstellen kann.

Ich bin vor allem eine andere Art von Privatsphäre und Anonymität gewohnt. Mal ehrlich – wie oft kommt es in der Stadt vor, dass man unangekündigten Besuch bekommt? Selbst dann kann man noch so tun, als wäre man nicht zu Hause und die Türe nicht öffnen, wenn man keine Lust hat. Aber meist bedeutet ein unerwartetes Klingeln ohnehin nur, dass jemand an die Briefkästen will.

Auf der Alm wird gern gefeiert.

Offene Hüttentür und gutes Essen, oder?

Das ist auf der Alm völlig anders. Meine Vorstellung von Privatsphäre ist in der Almhütte nicht realisierbar und Spontanbesuche sind eher die Regel als die Ausnahme. Relativ sicher vor ungebetenen Gästen ist man nur bei schlechtem Wetter. Dann gehen nicht einmal die Almleute freiwillig vor die Tür, um bei der Nachbarin vorbeizuschauen.

Es gilt die Regelung, dass die Hüttentüre immer offen steht, wenn Besuch willkommen ist. Eine geschlossene Tür bedeutet, dass niemand zu Hause oder kein Besuch erwünscht ist. Doch zum einen kennen nicht alle Besucher diese Symbolik der Hüttentür, und zum anderen wollen einige sie auch nicht richtig deuten, denn wenn man ja schon mal hier ist, will man nicht unverrichteter Dinge wieder gehen.

In früheren Zeiten hat die Sennerin, so habe ich es nachgelesen, wohl anhand der Speisen dem Besuch signalisiert, ob er willkommen war oder nicht. Gab es eine deftige und reichhaltige Speise, durfte sich der Besucher geschmeichelt und herzlich empfangen wissen. Die Hüttentür wird im Übrigen auch so gut wie nie abgeschlossen, außer man fährt ins Tal und bleibt länger weg. Mein Verhalten ruft deshalb Verwunderung hervor, als ich die ersten Wochen meine Hütte absperre, wenn ich zum Kühe holen unterwegs bin.

*„Auch im Almauto steckt immer
der Schlüssel im Zündschloss",*

bringt mir der Bauer bei, was für mich zwar sehr
gewöhnungsbedürftig, aber letztendlich auch
sehr praktisch ist, denn das erspart die lästige
Suche nach dem Schlüssel.

Unerwarteter Besuch ja, aber ...

Der ungewöhnlichste Besuch kommt einmal um
fünf Uhr morgens und besteht aus zwei halb-
wüchsigen, stark alkoholisierten Jugendlichen
aus der Verwandtschaft des Bauern, die auf die
Alm gefahren sind, um bei mir ihren restlichen
Kasten Bier zu leeren. Ich kann mich nicht überwinden und gute Miene zum bösen Spiel machen.
Zu seltsam und fremd erscheint mir ihr Verhalten.
Ab diesem Zeitpunkt spricht sich vermutlich im
Dorf herum, dass die neue Sennerin nicht ganz so
gastfreundlich ist, wie man das möglicherweise
gewohnt ist. Angeblich war es früher nicht üblich,
vor dem 29. Juni, dem St.-Peters-Tag, die Almleute zu besuchen, da dem Aberglauben nach
sonst Unglück zu befürchten war. Ich wage zu behaupten, dass diese Regelung von den Sennerinnen selbst aufgestellt wurde, um sich so lange wie
möglich der Freiheit in den Bergen zu erfreuen.
Aber das sei jetzt mal dahingestellt.

Für mich ist es schwierig, damit umzugehen, dass
ich durch unerwarteten Besuch von meinem ge-
planten Tagesablauf abweichen muss, vor allem
ohne zu wissen, wie lange diese Unterbrechung
dauern wird. Die Ungewissheit über die Dauer
des Besuchs macht mir am meisten zu schaffen.
Einerseits will ich nicht unhöflich sein und gegen
einen kurzen Plausch hätte ich ja nichts einzu-
wenden, doch andererseits habe ich das Gefühl,

*Oft steht erwartungsfreudig unangekündigter
Besuch auf der Terrasse.*

je netter ich die Gäste bewirte, desto länger bleiben sie, was wiederum nicht mein Ziel ist. Eine
Zwickmühle.

Immerhin erscheinen für den Rest des Sommers
nur noch unalkoholisierte Gäste, und wenn ich
einmal den ersten Unmut über die jetzt gerade
unpassende Störung überwunden habe, ist es
manchmal auch sehr interessant, so viele unterschiedliche Menschen kennenzulernen: den
Schornsteinfeger, der mit dem Mountainbike den
Berg hochstrampelt, Verwandte des Bauern aus
dem Dorf oder den Klauenschneider, der noch auf
ein Stamperl Schnaps und eine Holunderschorle
sitzen bleibt. Auch der Tierarzt sagt nicht Nein
bei der Aussicht auf ein Bier, wenn es augen-
scheinlich der letzte Termin des Tages war, und
die ehemaligen Senner/-innen aus den Vorjahren
kommen vorbei, um ihrer einstigen Wahlheimat
einen Besuch abzustatten. Und es ergibt sich immer wieder ein Schwätzchen mit Wanderern aus
der Stadt, die an meiner Hütte vorbeikommen.
Wenn ich mitbekomme, wie sie über mich oder
meine Hütte reden:

Etwas mehr Privatsphäre in meiner Hütte wäre mir lieber.

„Schau mal, die wohnt da – das ist ja schön!"

dann würde ich vor Stolz auf mein temporäres Zuhause am liebsten platzen. Es bereitet mir größtes Vergnügen, die unbedarften Wanderer mit multifunktionaler Outdoorausrüstung und Wanderstöcken staunen zu sehen, wenn ich ihnen mit all meinen Kühen auf dem Weg in den Stall begegne. Ich koste meine Rolle der echten Sennerin in Jeans und Gummistiefeln mit Haselnussstock statt Soft-Shell-Jacke und Wanderrucksack, mit Belustigung aus.

Es kommt oft zu netten Gesprächen und ich bin immer gerne bereit, Aufklärungsarbeit zu leisten für das wandernde Stadtvolk, zu dem ich ja sonst auch gehöre.

Also erzähle ich die Geschichte von den gehörnten Kühen und dem Erkennungsmerkmal Euter, wenn meine Damen wegen ihres stattlichen Kopfschmuckes mal wieder mit Stieren verwechselt werden. Ich antworte geduldig auf die besorgten Nachfragen, warum die „armen" Kühe am Nach-

mittag im Stall sein müssen oder warum ihre Schwänze angehängt sind und ob das den Tieren nicht Schmerzen bereitet.

Zuhören und schnapseln lernen

Aber bevor ich all dieses Wissen weitergeben kann, muss ich es selbst erst lernen und erfahren. Und dazu gehört, mit den Menschen hier zu reden und zuzuhören. Ich lerne nicht nur aus ihren Geschichten, sondern auch durch den Umgang miteinander und durch Traditionen und Rituale.

Eines davon ist das *Schnapseln* auf der Alm. Kommt Besuch, stellt man normalerweise die obligatorische und gleichzeitig rhetorische Frage:

„Mogst an Schnaps?!"

„Willst du einen Schnaps?" Und dann trinkt man zusammen einen Klaren, also einen Obstler. Leider kann ich Schnaps überhaupt nicht ausstehen und ich habe nicht einmal Schnapsgläser in meiner Küche, aber dafür eine Flasche selbst gebrannten Birnenschnaps vom Bauern. Wenn Gäste kommen, weiche ich auf den von mir selbst kreierten Pfirsich-Limes aus, der schmeckt wie in Wodka eingelegte Dosenpfirsiche, wie mein Freund Frank belustigt feststellt. Wenn ich bei anderen zu Gast bin, lehne ich anfangs den Schnaps immer ab, was unerhört unhöflich ist. Doch die Nachbarschaft kommt schließlich auf die Idee, mir Eierlikör anzubieten. Deshalb habe ich sicherlich in diesem Sommer so viel Eierlikör getrunken, wie in meinem ganzen restlichen Leben nicht. Aber der schmeckt auch nur auf der Alm!

Das Schnapserln gehört zum Almleben einfach dazu.

Zusammenhalt der Almleute

Auch untereinander treffen sich die Almleute und besonders mit Theresia pflege ich schnell eine innige Freundschaft. Wir sehen uns fast jeden Tag. Dann schnattern wir über die Liebe und das Leben, freuen uns an den schönen Tagen über unsere Freiheit hier oben und bauen uns gegenseitig auf, wenn wir vom *Almkoller* geplagt werden oder uns alles über den Kopf zu wachsen scheint.

An manchen Tagen treffen sich alle Sennerinnen zum Almkaffee am Nachmittag. Eine Gelegenheit dafür ist Mareis 85. Geburtstag, den sie Anfang September auf der Alm feiert, auch wenn hier eigentlich der Namenstag eine größere Bedeutung hat als der Geburtstag, wie es in vielen

katholisch geprägten Gebieten üblich ist. Und Klara erklärt mir außerdem pragmatisch:

„Am Geburtstag wirst ja nur älter. Des is ja nix zum feiern."

Ob Geburtstag oder Namenstag – bei allen Anlässen dieser Art gibt es Kaffee und Kuchen samt Klatsch und Tratsch über die Bauern oder andere Abwesende. Geredet wird viel auf der Alm, denn jeder kennt jeden und man weiß über alle Begebenheiten, die hier oben oder im Dorf passieren, Bescheid.

Auch das ist für mich eine neue Erfahrung, denn in der sozialen Struktur des Almdorfs bleibt nichts, aber auch gar nichts verborgen: Wer war der Besuch und warum ist der so lange geblieben? Warum ist der Bauer am Abend noch einmal vorbeigekommen und warum war der Tierarzt gestern bei euch im Stall? Hast du gestern schon wieder Wäsche gewaschen und warum hat der Milchfahrer heute Morgen bei dir so lange Station gemacht? Warum waren die Kühe nicht rechtzeitig im Stall und warum warst du mit dem Auto im Dorf?

Ich bin mir bewusst, dass die anderen sehen können, wann ich zu Bett gehe, also das Licht in meiner Hütte erlischt, wann ich aufstehe, nämlich wenn ich Licht anmache, wie lange ich zum Melken brauche, erkennbar daran, wie lange das Aggregat läuft – und so weiter. Es gibt Tage, an

Ein Mankei vor dem Bau.

denen mir diese soziale Kontrolle ganz gehörig auf die Nerven geht. Aber es kommt auch so mancher Moment, in dem ich es zu schätzen weiß.

Es bedeutet nämlich auch, dass ich niemals mit meinen Problemen alleine bin, dass ich Hilfe und Unterstützung bekomme, als ich mit meinem Bänderriss ein großes Handicap habe und dass man mir mit Erfahrung und Rat zur Seite steht, wenn ich mit einer Situation überfordert bin. Der soziale Zusammenhalt hat eben auch gute Seiten: Wir können uns alle darauf verlassen, dass wir einander Unterstützung geben, wenn wir sie brauchen. In den geselligen Runden und vielen Gesprächen erfahre ich spannende Geschichten von früher und lerne viel über das Almleben sowie über die Kultur und Mentalität der Menschen hier. Wir haben so manch lustigen Abend bei einem Gläschen Wein oder ein paar Flaschen Bier.

Es raschelt und pfeift – von der Tierwelt auf der Alm

Der Hirsch hat zwoa Gweih
Und da Jaga zwoa Hund
Und mei Schatz hat zwoa Herzln
Wie Kugln so rund.

Es ist in der ersten Woche meiner Almzeit. Ich bin gerade damit beschäftigt, den Stall zu putzen und zu fegen, als mich der Bauer nach draußen ruft und mir seinen schweren Feldstecher entgegen hält:

„Do, schau amoi aufi –
do sichst de Mankei roasn!"

„Da, schau einmal hinauf, da siehst du die *Mankei* rennen!" – wobei er auf den Hang hinter unserer Hütte in Richtung Hausberg zeigt. Mit dem Fernglas vor den Augen suche ich die Hangwiesen ab auf der Suche nach etwas, das der Bauer als *Mankei* bezeichnet.

Ich weiß zunächst nicht, was er meint. Am Anfang des Sommers habe ich ohnehin große Mühe, den für mich noch ungewohnten und schnell gesprochenen Tiroler Dialekt zu verstehen, der für mich wie eine Mischung aus bayerisch, österreichisch und schweizerisch klingt. Besonders die harten „ch"-Laute, die in fast jedem Wort eingebaut oder betont werden, erschweren das Verständnis für mich, obwohl ich immerhin Bayerisch als Muttersprache beherrsche. Doch es gibt zahlreiche Ausdrücke und Begriffe, für die ich keine Herleitung finde, wie zum Beispiel *gfiahrig*, was so viel bedeutet wie *gut* oder auch *praktisch*. Eine Redewendung, die ich lange nicht zuordnen kann, ist *des is ned daweascht*, womit man sagen will, dass sich etwas nicht lohnt.

… und täglich grüßt das Murmeltier

Aber ich will mich ja nicht blamieren und bei jedem Satz nachfragen. So lerne ich eben langsam aus dem Zusammenhang und durch Wiederholungen, bis ich mich an die neue Sprachmelodie gewöhnt habe. Deshalb bemühe ich mich jetzt, selbstständig herauszufinden, was hinter den *Mankeis* stecken mag. Ich ahne die Lösung, als ich schließlich eine ganze Großfamilie von Murmeltieren entdecke, die zum Teil putzig vor dem Bau hocken, zum Teil zwischen ihren Höhlen hin- und herflitzen.

Am Abend während oder nach der Stallarbeit ist die beste Zeit, um in den Hängen nach Wildtieren Ausschau zu halten.

Niemals hätte ich gedacht, dass diese Tiere so nahe an meiner Hütte wohnen, aber sie scheinen die Nähe der Menschen nicht zu scheuen. Die ausgeklügelten langen Gänge und Höhlen der kleinen Almbewohner erstrecken sich über große Teile der Wiesen und oft muss ich beim Heimtreiben der Kühe meinen Fuß wieder aus einer der großzügig bemessenen Murmeltierwohnungen ziehen, in die ich versehentlich gestolpert bin. Aus nächster Nähe sehe ich die possierlichen Tierchen, die für mich eine gewisse Ähnlichkeit mit Robben aufweisen, selten. In ihrer Fortbewegungsgeschwindigkeit haben sie jedenfalls nichts mit Robben gemein und verschwinden in Windeseile in ihrem Bau, wenn man über die Wiesen streift und ihnen zu nahe kommt – natürlich nicht ohne vorher noch einen ihrer gellenden Pfiffe auszustoßen, der auch die anderen vor der potenziellen Gefahr warnen soll. Ich lerne, dass die Männchen *Bären* genannt werden, die Weibchen *Katzen* und die Kleinen *Äffchen*. Daher vielleicht auch der bayerisch-tirolerische Name *Mankei*? Diese Frage bleibt für mich bis heute ungeklärt.

Gams und Adler

In höheren Lagen zwischen den weitläufigen niedrig wuchernden Latschenkiefern sieht man in den Abendstunden ganze Scharen an Gämsen, die sich aus dem Gehölz wagen, wenn es auf der Alm ruhiger wird. Es lohnt sich, ihr Verhalten zu studieren, denn sie wissen besser als ich, welches Wetter kommen wird. In den Tagen vor dem Wintereinbruch im August sind sie so weit unten zu sehen wie nie zuvor. Ganz nahe komme ich einzelnen von ihnen außerdem beim Kühe holen am frühen Morgen. Es kommt vor, dass direkt vor meiner Nase eine Gämse aus dem Wald springt oder in meine Richtung läuft, wenn der Wind ihr keine Witterung ermöglicht.

Der König der Lüfte.

Eines Morgens bin ich im Halbdunkel auf dem Weg zu den Kühen, als mitten auf dem Forstweg in beachtlicher Geschwindigkeit ein Feldhase auf mich zurast. Erst etwa drei Meter vor mir scheint er die Situation zu erkennen, macht in einem 180-Grad-Haken wieder kehrt und stiebt davon. Und schließlich ist mir sogar ein Blick auf den König der Lüfte vergönnt. Ein Steinadler kreist selten, aber gut zu erkennen über der Alm, vermutlich, um sich einen Überblick über sein „Murmeltier-Abendessen" zu verschaffen. Wie man den erkennt?

„An den Fingern seiner Schwingen und der schwarz-weißen Musterung an der Unterseite der Flügel",

erklärt mir der Bauer. Der Adler kreist wirklich majestätisch durch die Lüfte und ist wunderbar anzuschauen. Doch auch wenn er sich sicherlich der Hütte nicht nähern wird, ein bisschen Sorgen mache ich mir schon – um meine Kätzchen.

Dem Himmel so nah – von Wind und Wetter

Am Himml steht a Wetta
Aba dunnern tuats net,
steig eina beim Fensterl
aba eischlagn derfs ned.

Mein Almsommer beginnt, als in Mitteleuropa die große Hitzewelle anbricht. Somit ist es ein leichter Einstieg für mich. Während in der Stadt die drückende Hitze schon als Belastung wahrgenommen wird, erfreue ich mich in frischer Bergluft der angenehm warmen und sonnigen Tage.

Die Kühe kommen tagsüber freiwillig in den schattigen Stall, und das Frühstück genieße ich Tag für Tag auf der Terrasse mit prächtiger Aussicht. Die Abende sind lang und lau, und als Frank mich zum ersten Mal besuchen kommt, weihen

wir meinen Grill ein. Man hätte Lust, nachts stundenlang den unbeschreiblichen Sternenhimmel zu bewundern. Die Milchstraße hier oben, wo keine Lichtquelle die Sicht einschränkt, ist greifbar nahe und der Blick in diesen prachtvollen Nachthimmel lässt mich klein und nichtig erscheinen angesichts der Dimensionen des Alls. Wochen voll Sommer, Hitze und praller Höhensonne – so könnte es für mich immer weitergehen.

Regentage auf der Alm

Aber der August bringt schlechteres Wetter mit sich und mein Holzofen bleibt ab jetzt bis in den Spätsommer hinein keinen Tag mehr kalt. An vielen Tagen hüllt Nebel die Hütte ein und versteckt den Wilden Kaiser in einer weißen, undurchdringlichen Wand, als wäre er nie da gewesen. Die Kühe fühlen sich an der kühlen, frischen Luft wohl oder verkriechen sich vor dem Regen in den Wald, wo ich sie suchen muss. Kühe holen – das sind die einzigen Ausflüge nach draußen an solchen Tagen. Sonst bleibe ich lieber in der warmen Küche sitzen und bin ein paar Tage lang einfach nur Leseratte. Den ersten sonnigen Tag nach einer Regenperiode sauge ich auf, als wäre ich gerade aus dem Winterschlaf erwacht.

Es bleibt unbeständig, aber trotz allem nehme ich das Wetter anders wahr als in der Stadt, und einen Regentag empfinde ich hier nicht so schlimm wie sonst. In der Stadt und im Büro erlebe ich nur das Wetter morgens und abends und schließe daraus auf den ganzen Tag. Selten schüttet es hier ohne Unterlass und ich kann die freundlichen Momente, wenn der Himmel zwi-

In den Bergen wirkt der Regenbogen wie ein großes Wunder.

Bei schlimmen Unwettern hofft man auf den Beistand des Herrn.

Mit Ehrfurcht beziehungsweise Furcht begegne ich auch einem anderen Naturereignis, das hier in den Bergen eine ganz besondere Wirkung entfaltet: das Gewitter. Gruselige Geschichten über Kugelblitze, die durch den Kamin in die Hütte kommen, erzählt man sich hier und lassen aller Vernunft zum Trotz doch etwas Sorge in mir aufkeimen. Nachdem ich erfahre, dass meine Hütte auch keinen Blitzableiter hat, bin ich leicht beunruhigt, als zum ersten Mal ein Unwetter aufzieht.

Klara hat einen Blitzableiter der anderen Art für diesen Fall und pflegt eine Tradition, die ich sehr schön finde. Sie bringt geweihte Palmzweige vom Palmsonntag mit auf die Alm, die sie während des Unwetters ins Feuer wirft, um den Blitz fernzuhalten. Außerdem zündet sie bei Gewitter die schwarze Wetterkerze vom Wallfahrtsort Birkenstein an.

schendurch aufreißt, sofort nutzen, um nach draußen zu gehen. Der Regen ist gut für die Natur, frisches Gras wächst nach und es bilden sich wunderschöne kleine Bäche und Wasserfälle, die meiner Alm plötzlich ein ganz neues Gesicht geben.

Ein besonders schönes Naturereignis ist für mich der Regenbogen, der sich eines Abends direkt an meiner Hütte vor der Bergkulisse über das Tal spannt und dort für eine ganze Stunde zu sehen ist, während es noch nach Regen riecht und die Sonne ein bisschen hervorlugt. Ich ahne, wie ehrfürchtig gegenüber der Schönheit der Natur sich die Menschen angesichts so eines farbenprächtigen Naturschauspiels vor Hunderten von Jahren gefühlt haben müssen, als sie noch keine wissenschaftlichen Erkenntnisse über die Entstehung dieses Naturwunders hatten.

„Ansonsten hilft nur beten",

meint sie ganz trocken. Ich erlebe wenige Gewitter in diesem Sommer. Ich bin einfach zu müde, um mich von Blitz und Donner wach halten zu lassen.

Insgesamt wird meine Wahrnehmung gegenüber der Natur, der Umgebung und den Witterungsverhältnissen immer intensiver. Ich spüre, aus welcher Richtung der Wind am Abend kommt, ob er auf den Berg zieht oder ins Tal, ich beobachte, welche Wolkenformationen sich über dem Wilden Kaiser bilden und stelle fest, dass der Spruch

„Hat der Kaiser an Huat –
wird's Wetter guat."

„Hat der (Wilde) Kaiser einen Hut, wird's Wetter gut", sich zwar reimen mag, aber leider nicht verlässlich stimmt.

Der Winter meldet sich an

Ende August kündigt sich der erste Schnee in der Luft an – man kann ihn förmlich riechen. Was für mich lediglich wie eine verrückte Geschichte klang, wenn die anderen von den Schneeerlebnissen der vergangenen Jahre erzählten, darf ich jetzt selbst miterleben. Den ersten Schnee erlebe ich in diesem Jahr am 31. August. Der Wetterbericht kündigt die Schneefallgrenze bis auf 1200 m schon seit Tagen an und die Nervosität unter den Almleuten ist spürbar.

Man hat Angst, dass die Kühe sich auf den Weg ins Tal machen, sobald es schneit, weil ihr Futter unter der Schneedecke begraben wird. Als ich am Abend des letzten Augusttages kurz vor dem Schlafengehen noch meine Kätzchen zur Abendtoilette hinauslassen will und die Hüttentüre öffne, staunen wir alle drei nicht schlecht – es schneit in sanften Flocken und auf meiner Terrasse liegen bereits einige Zentimeter Neuschnee.

Die Alm ist wie verwandelt am nächsten Tag – ich erkenne sie in ihrem neuen Gewand kaum wie-

Wintereinbruch im August.

der. Mir ist mulmig zumute, denn ich weiß aus den Erzählungen, dass der erste Schnee auch für die Kühe eine absolute Ausnahmesituation bedeutet und sie sich sicherlich nicht leicht finden lassen werden. Ich kenne ihre Verstecke in solchen Situationen nicht und mache mich bang auf den Weg zu Theresia, von der ich zunächst einmal die richtige Ausstattung mit Schal, Mütze und Handschuhen ausleihen kann.

Als ich ein vertrautes Motorengeräusch wahrnehme und das Almauto meines Bauern Hans sich den Forstweg heraufschlängelt, kann ich meine Erleichterung kaum in Worte fassen. Ich muss die Kühe nicht alleine suchen – Unterstützung ist auf dem Weg. Ich kann mich nicht erinnern, mich jemals so gefreut zu haben, den Bauern zu sehen, wie an diesem Morgen, was ihn natürlich außerordentlich belustigt und ihm gleichzeitig schmeichelt.

Meine Hütte trotzt Wind und Wetter seit jeher.

Zusammen mit Seppi, Theresias Bauern, machen wir uns auf den Weg, unsere Kuhherden zu suchen. Alle altbekannten Plätze sind schnell erfolglos abgehakt. Wir weiten die Suche außerhalb des umzäunten Geländes aus, denn es besteht durchaus die Möglichkeit, dass die Tiere in ihrem Drang, dem Wintereinbruch zu entkommen, den Zaun durchbrochen haben. Der eisige Schneesturm erschwert die Suche und zwischen den rauschenden Bäumen und dem pfeifenden Wind lässt sich kaum ein Glockenton ausmachen.

Die Wege unseres Suchtrupps trennen sich – wir schwärmen in verschiedene Richtungen aus. Fast zwei Stunden durchkämmen wir die Alm, inzwischen durchnässt und durchgefroren bis auf die Knochen, bis wir schließlich erleichtert die Tiere finden, die tatsächlich hangabwärts gewandert waren.

Es herrscht Ausnahmezustand. Als wir endlich die ganze Truppe im Trockenen haben, gönnen wir uns ausnahmsweise noch vor der Melkarbeit eine wohlverdiente Tasse Kaffee. Die nassen und kalten Sachen werden über dem Ofen zum Trocknen aufgehängt. Den ganzen Vormittag bleibt die Situation ungewohnt. Überall auf der Alm sind die Kühe in den Ställen und die Bauern bringen Heu herauf, damit die Tiere zu fressen haben.

Doch die ersten Strahlen der Spätsommersonne vertreiben den Schnee rasch und schon am Nachmittag lasse ich die Kühe wieder auf die Weide. Ich kann mir nicht vorstellen, dass der Sommer noch einmal zurückkommt. Aber bereits zwei Tage später, als ich Besuch von meiner besten Freundin Eva bekomme, sitzen wir wieder in kurzen T-Shirts auf der Terrasse vor der Hütte in der warmen Sonne. Es scheint mir fast so, als hätte ich diesen kurzen Wintereinbruch nur geträumt.

Die angespannte Stimmung des Wartens, wie sich das Wetter entwickeln wird, ist fast greifbar.

Käseolympiade – vom Kampf mit Käsetuch und Molke

Einmal eigenen Käse machen!

Zu den ursprünglichen Aufgaben einer Sennerin gehört auch die Verarbeitung der Milch auf der Alm. Was in der Schweiz noch die Regel, ist in Tirol dank zahlreicher Forstwege, die die Zufahrt der Molkereifahrzeuge auf die Alm ermöglichen, die Ausnahme. Buttern und Käsen hat ja auf der Alm deshalb Tradition, weil es früher keine andere Möglichkeit gab, die Milch täglich ins Tal zu bringen.

Der Herbst ist nahe, der Almsommer geht seinem Ende zu und meine Kühe geben kaum noch Milch, da bei den meisten von ihnen im Herbst die Kälbergeburt ansteht. Die letzten sechs Wochen vor dem Geburtstermin dürfen sie all ihre Kräfte auf die gesunde Entwicklung des Ungeborenen verwenden und sind vom Melken befreit. Für meine Herde sind es ohnehin die letzten Tage als Milchkühe, denn sie werden mit der Geburt ihres nächsten Kälbchens ein neues Leben als Mutterkühe beginnen. Der Bauer wird den Betrieb aus wirtschaftlichen Gründen umstellen und die Milchwirtschaft aufgeben. Was ein Leben als Mutterkühe für die Tiere bedeutet, werden wir später sehen.

Das Experiment beginnt

Schließlich bitte ich den Bauern, in diesen letzten Tagen die restlichen Liter Milch selbst verwerten zu dürfen und nicht mehr an die Molkerei zu liefern. Ich will unbedingt noch eine Erfahrung mitnehmen, die für mich zu einem echten Almsommer dazugehört! Ich will Käse machen! Der Bauer

schüttelt zwar den Kopf und warnt mich vor dem Aufwand:

„Des is so a riesn Batzlerei – dua da des ned o, Dani!"

„Das ist eine riesengroße Panscherei – tu dir das nicht an, Dani!", aber ich bin beratungsresistent und setze mich durch. Der Bauer unterstützt mich schließlich in meinem neuen Vorhaben und bringt mir sogar die notwendige Grundausstattung mit: Käseformen, Lab, Käsetuch und Thermometer. Wie so oft ist Theresia meine Lehrerin, denn aus ihren früheren Almerfahrungen und aus ihrer Ausbildung bringt sie bereits Wissen in der Käseproduktion mit. Das Projekt Käsen werden wir also gemeinsam in Angriff nehmen.

Doch es mangelt an Zeit und somit sammeln sich in meinem Kühltank schließlich über hundert Liter Milch an, bis wir endlich in meiner kleinen Küche die Käseherstellung starten. Die Verhältnisse sind bescheiden und die Ausstattung keineswegs optimal für eine Großproduktion. Die erste

Mangels Käsekessel erwärmen wir die Milch im Wasserbad auf dem Ofen.

Hürde ist bereits das Fehlen eines richtigen Käsekessels, in dem die Milch über dem Feuer warm gemacht werden könnte. Dieses Manko versuchen wir mit Plastikeimern und großen Töpfen zu beheben, die wir aus Theresias Hütte herbeischaffen.

Wie man Käse macht

Für einen Laib Käse sind zehn Liter Milch notwendig, die wir im Wasserbad erwärmen müssen, was nur langsam gelingt. Je nach Rezept für Quark, Weich- oder Hartkäse ist die erforderliche Temperatur unterschiedlich hoch. Der besondere Anspruch besteht darin, die Temperatur auf dem erreichten Niveau zu halten, was sich bei den zahlreichen Eimern in meiner Küche als echte

Herausforderung entpuppt. Jetzt kommt der *Säurewecker* in die Milch, um die Bakterien zur Vermehrung anzuregen, die den Käse haltbar machen. Theresia hat dafür fertige Biobuttermilch besorgt, die wir, entsprechend der Rezeptanweisung aus ihrem schlauen Käsebuch, löffelweise in unsere Milcheimer geben.

Hat die Milch die vorgeschriebene *Labtemperatur* erreicht, muss *Lab* in der richtigen Menge zugegeben werden. *Lab* besteht aus dem Enzym Chymosin, das aus Kälbermägen gewonnen wird und dafür sorgt, dass die Milch eindickt beziehungsweise gerinnt. Dieser Prozess wird auch als Dicklegung bezeichnet und dauert in etwa 30 bis 40 Minuten.

Wenn alles gut geht, kann man nach dieser Zeit den sogenannten Bruch schneiden. Im professionellen Umfeld wird das mit der *Harfe* gemacht, einem speziellen Gerät mit feinen Saiten, mit dem man den eingedickten Käse in gleichmäßige Stücke zerteilen kann. Wir machen das etwas grobschlächtiger mit dem größten Messer, das wir in der Küche finden können und stochern damit in den Eimern herum.

Die Größe der Stücke richtet sich nach dem gewünschten Ergebnis: Für Frisch- oder Handkäse können die Stücke etwas gröber sein, während für einen guten Hartkäse die Masse ganz kleingeschnitten werden muss, um die Molke besser auspressen zu können, denn der Käse soll später möglichst fest werden. Deshalb wird der geschnittene Bruch für den Hartkäse noch einmal auf hohe Temperaturen bis um die 50 Grad gebracht,

Ein paar Tage bleiben die kleinen Käse in den Formen.

Quark machen geht am einfachsten

Rund 40 Liter Milch verwerten wir zu Quark, denn das ist das einfachste und schnellste Rezept. Die Milch muss nur eine Temperatur von 20 Grad erreichen und nach dem Einlaben und Bruch schneiden, wird die Masse in einem Küchentuch im Milchkammerl aufgehängt. Dort kann die Molke, der Theorie nach, innerhalb eines Tages ablaufen und am Ende sollte dann der fertige

was man als *anbrennen* bezeichnet. Dabei darf man das Rühren nicht vergessen. Ziel ist es, dass ganz kleine, harte Klümpchen entstehen, die möglichst wenig Molke, also Flüssigkeit, enthalten. Mit einem Käsetuch schöpfen wir die Klümpchen dann aus dem Eimer in große, durchlöcherte Käseformen die Ähnlichkeit mit einem Sieb haben, und in denen in den kommenden Tagen die letzten Reste der Molke ausgepresst werden. Mangels professioneller Käsepresse bauen wir kreative Käsepresstürme aus Töpfen voller Wasser, gestapelt mit Tellern und schweren Steinen, die wir vor der Hütte finden.

Da der Käse in der Form regelmäßig gewendet werden muss, gilt es, den sorgfältig konstruierten Turm aus Formen, Tellern und Steinen alle vier bis acht Stunden ab- und wieder aufzubauen.

Quark im Küchentuch übrig bleiben. In der Praxis funktioniert das bei mir nur bei einer der Quarkmassen tatsächlich. Im anderen Fall verarbeite ich das wässrige Ergebnis lieber in einem Käsekuchen, um es genießbar zu verwerten.

Die nächste Kreation sollen kleine Handkäse, beziehungsweise Frischkäse werden: eine sehr weiche Käseart, die nicht reifen muss, aber auch nicht lange haltbar ist. Mit den kleinen Förmchen schöpfen wir den groben Bruch heraus, lassen die Molke durch die Löcher ablaufen, salzen die Masse großzügig und verfeinern einen Teil der kleinen Käse mit überbrühten Kräutern, rosa Pfefferkörnern, schwarzem Pfeffer und Kümmel oder dekorieren sie später mit frischen Kräuterzweigen wie Rosmarin und Thymian.

Käse für alle und für später

Wir produzieren eine beachtliche Menge, und auch wenn ich so manches kleine Käseschmankerl an die Nachbarn und Bauern verschenke und mit Theresia teile, ist doch eine so große Anzahl an Handkäse zusammengekommen, dass wir ihn nicht innerhalb weniger Tage verzehren können.

Also lege ich einige der kleinen Laibe, in mundgerechte Stücke geschnitten, in Olivenöl und Kräuter ein, um sie haltbar zu machen. Auf diese Art habe ich auch gleich ein nettes Mitbringsel für die Freunde und Verwandten in der Stadt, die das Ganze zugegebenermaßen etwas kritisch beäugen.

Unterstützung von Theresia und Klara

Es ist eine langwierige Angelegenheit. Auch wenn die Beschreibung unseres Käseexperiments organisiert klingen mag – es war in der Realität das pure Chaos und ohne eine professionelle Ausstattung ist Käsen im großen Stil niemandem wirklich zu empfehlen.

Drei Tage lang produziere ich neben der Melkarbeit Käse – zusammen mit Theresia und zeitweise auch mit Klara, die uns ihre Unterstützung anbietet.

Ich spüle ein paar Dutzend Male die Käseformen, messe Lab in Tropfen ab, versuche die Temperatur der Milch durch Regulation des Wasserbads zu halten, was beinahe unmöglich ist, und schleppe eimerweise Milch vom Milchtank in die Küche und wieder zurück. Zweimal schuften wir bis nach Mitternacht. Ich muss erschöpft und resigniert zugeben, dass alle Warnungen und Unkenrufe im Vorfeld richtig waren.

Trotzdem ist es eine wetvolle Erfahrung. Ich weiß jeden Käse in Zukunft umso mehr zu schätzen und ich ziehe den Hut vor allen, die neben der Melkarbeit auf der Alm auch noch die Käseproduktion erledigen, auch wenn diese dann natürlich unter professionelleren Bedingungen stattfindet, als es bei mir der Fall ist. Ich habe das Gefühl, dass die Molke in der Küche zwischenzeitlich fast knöchelhoch steht und alles verklebt, was ich anfasse.

Wertvolle Molke

Die Molke verwenden Theresia und ich ein paar Tage lang als Gesichtswasser und trinken natürlich auch davon, aber das meiste bekommt Lisa, das Ferkel, das die Leckerei genießt. Und auch meine Kätzchen wissen was schmeckt und naschen in jedem unbeobachtetem Moment von der weißen, süßen Flüssigkeit.

Lange Reifezeit für den Hartkäse

Die grobe Arbeit ist getan. Nach weiteren zwei Tagen und mehrmaligem Wenden sind die Hart- und Halbhartkäse genug gepresst, soweit das unter den gegebenen Umständen möglich ist. Die Käselaibe werden jetzt etwa eine Stunde in einer Wanne voller Salzwasser gebadet und kommen nach diesem Schwimmausflug zum Reifen auf die Holzbank.

Theresia bringt einen Biokäse aus der Molkerei mit, von dem wir die Rotschimmelkulturen abkratzen und in Salzwasser auflösen. Mit dieser Lösung werden unsere Laibe jetzt täglich eingerieben und dann gewendet. Die Arbeit mit den Käselaiben geht also weiter – zwei bis vier Monate lang!

Mein Käse ist noch lange nicht fertig. Als ich die Alm verlasse, teilen wir die Laibe untereinander auf. Mein Teil reift bis Weihnachten in Franks Speisekammer weiter und erhält intensive Pflege jeden Tag. Entsprechend groß ist die Enttäuschung, als sich ein ganzer Laib als Madenquartier entpuppt und entsorgt werden muss. All die Arbeit umsonst! Der Hartkäse hält zwar trotz suboptimaler Raumtemperatur und Luftfeuchtigkeit durch, aber ein Glanzstück sieht wahrlich anders aus. Es ist eben noch kein „Käse-Meister" vom Himmel gefallen.

Okasn – Abschied von der Alm

Der Sommer zieht ins Land. Die Zeit, die ich hier oben verbringen darf, neigt sich langsam dem Ende zu. Der Tag rückt immer näher, da es heißt, Abschied zu nehmen und den Abschluss des Almsommers zu feiern.

Auf der Alm nennt man diesen Ausstand auch üblicherweise *Okasn*, was man vielleicht mit *Abkäsen* übersetzen könnte. Ein anderer Ausdruck für den letzten Abend auf der Alm ist die *Gruhnacht*, auf die in der Regel tatsächlich am Morgen der Almabtrieb folgt. Bei mir dauert es aber noch einige Tage bis zum Abtrieb, denn meine Tiere bleiben alleine hier. Sie finden hier noch genug zu fressen, aber sie sind alle trockengestellt und brauchen mich nicht mehr.

Wenn man vom Almabtrieb spricht, hat man meist die großen Feste vor Augen, bei denen die Tiere mit Kronen und Blumen aufgebuscht, vor großem Publikum – inzwischen vor allem vor vielen Touristen – durch das Dorf getrieben werden. Geschmückt werden die Tiere eigentlich nur, wenn während des Almsommers weder Mensch noch Tier zu Schaden gekommen sind.

Bei uns läuft das Ganze viel unaufgeregter ab. Die zugehörigen Höfe zur Trainsalm liegen fast alle auf halber Höhe zur Alm, sodass man weder durch das Dorf noch über eine andere öffentliche Straße kommt. Die *Heimfahrt* ist deshalb nur eine ausgedehnte Variante von „Kühe-in-den-Stall-treiben". In der Regel gestaltet sich das leicht, weil es die Tiere im Herbst ohnehin von selbst ins Tal zieht.

Alle sind gekommen

Zu meinem *Okasn* sind alle *Oimerer*, also alle Almleute, eingeladen, auch die Familie Anker, die drei Wochen in Klaras Hütte verbracht hat. Es freut mich sehr, dass sie die Höhenmeter nicht scheuen und bei mir vorbeikommen. Ich habe Quiche Lorraine gemacht, was zwar nicht almtypisch ist, aber gut vorzubereiten, und das zählt in diesen Tagen, da ich noch so viel erledigen muss. Es gibt bunte Salate und ich serviere den ersten frischen, selbst gemachten Handkäse, selbst gebackenes Brot und Kartoffelauflauf. Klara schwärmt bis heute von der leckeren Quiche und hat sich natürlich gleich das Rezept mitgenommen.

Mit zehn Gästen ist meine kleine Stube ziemlich gut gefüllt und alle lassen sich sowohl Wein als auch Holundersekt gut und reichlich schmecken. Es werden die Erlebnisse dieses Sommers noch

Der Herbst naht.

einmal auf den Tisch gebracht und ausführlich besprochen.

Besonders überrascht bin ich von Klaras Geständnis, die mir erzählt, dass sie alles dagegen gewettet hätte, dass ich als Stadtmädel diesen Sommer hier oben durchhalte. Es freut mich mehr, als es mich kränkt. Schließlich habe ich ja das Gegenteil bewiesen! Es werden alte Anekdoten aus den Vorjahren zum soundsovielten Mal erzählt und die erste Wehmut ist bei allen zu spüren.

Auch wenn ich die erste bin, die Abschied nimmt, wird der Almsommer auch für die anderen in wenigen Tagen vorbei sein. Man rechnet hoch, wie lange die Kühe noch so viel Milch geben würden, dass sich die Fahrt für das Molkereifahrzeug auf die Alm lohnt, und es werden Überlegungen angestellt, wann der Almabtrieb sein wird und ob wohl noch mal Schnee zu erwarten sei.

Doch noch ist es nicht so weit und der Abschiedsabend wird in unserer geselligen Runde gebührend begossen. Wir lachen und trinken und ich habe besonders meine Nachbarin Klara selten in so ausgelassener Stimmung zu so später Stunde gesehen. Als dann tatsächlich gegen zwei Uhr alle alkoholischen Getränke geplündert sind, inklusive meines selbst gemachten Pfirsich-Limes, verabschieden sich die letzten Gäste in diese schöne und absolute Dunkelheit der Almnacht, die in der Stadt niemals möglich wäre mit all der Beleuchtung ringsherum.

Bis zur tatsächlichen Abfahrt bleiben mir noch ein paar Tage. Die Arbeit geht also früh am nächsten Morgen weiter, denn das Jungvieh muss auf eine andere Weide getrieben werden. Jungvieh zu treiben ist eine Betätigung, die ich sehr empfehlen kann, wenn man den Kater möglichst schnell und grausam aus den Gliedern treiben will. Aber das war es wert, denn es war ein schöner Abschiedsabend, an dem ich vor allem eines gespürt habe: Ich gehöre jetzt dazu – obwohl ich aus der Stadt komme. Ich bin jetzt auch eine echte *Oimerin* – irgendwie .

Der gelungene Almsommer wird gebührend gefeiert.

Und dann ist er da, der letzte Tag

Frank ist gekommen, um mich und die Kätzchen mit Sack und Pack abzuholen. Wir putzen und schrubben die Hütte, als gäbe es einen Preis zu gewinnen, doch ich möchte eben bis zum letzten Moment gewissenhaft sein. Ich verstaue all meine Sachen in Kisten und Koffern und das Auto scheint aus allen Nähten zu platzen. Endlich ist noch genau so viel Platz, dass der letzte Laib Käse exakt in die kleine Lücke zwischen all dem Gepäck in den Kofferraum passt, als wäre es abgemessen. Der graue Blumentopf, in dem Geranien meine Terrasse zierten, muss dafür leider hier bleiben und ich schenke ihn Theresia.

Abschied von Klara.

Zur Feier des Tages habe ich mich in Schale geworfen und für meinen Abschiedsrundgang noch einmal mein geliebtes Dirndl angezogen. Ich streichele alle meine Kühe einzeln, raune ihnen liebe Worte zu und erinnere mich bei jeder von ihnen an eine Begebenheit des Sommers, die wir zusammen erlebt haben. Ich umschlinge die Kälbchen, soweit sie es sich gefallen lassen, und dann folgt der Abschied von den Nachbarn.

Schweren Herzens verlasse ich meine Wahlheimat.

Klara hat Tränen in den Augen und freut sich über meinen Handkäse als Abschiedsgeschenk. Wir trinken einen letzten Kaffee bei Theresia auf der Terrasse und einen kleinen Schnaps beziehungsweise Eierlikör bei Greti und Michei in der Jausenstation. Ich schließe die Hütte ab und steige ins Auto ein. Als wir ganz langsam den Forstweg nach unten fahren, als wollten wir diesen Ort nicht verlassen, winke ich wehmütig, bis die Alm aus meinem Blickfeld verschwunden ist.

Es ist noch nicht in mein Bewusstsein gedrungen, dass es nun tatsächlich vorbei sein soll.

Wir machen noch einen kurzen Stopp beim Hof des Bauern, wo ich feierlich den Schlüssel überreiche. Die letzte Abschiedsszene voller Wehmut und dann geht es in Richtung Stadt. Nur der Blick auf die Rückbank tröstet mich ein bisschen – die Kätzchen kommen mit in mein altes Leben, denn wir sind einfach unzertrennlich geworden.

Wiedersehen im Herbst – ein Besuch beim Bauern

Das erste Novemberwochenende. Mein Almsommer ist schon lange vorbei – es liegt Schnee in den höheren Lagen, aber das Wochenende verspricht Fön und traumhafte Fernsicht und so fahren wir in die Berge. Frank und ich verbinden unser verlängertes Wanderwochenende mit einem Besuch beim Bauern Hans, Barri und meinen Kühen. Das erste Wiedersehen steht bevor. Ich bin ziemlich aufgeregt – ob noch alle Kühe da sind? Ob sie mich noch kennen?

Vor dem Bauernhaus ist die Wiese im Hang, auf der ich im Sommer noch Heu gerecht habe, jetzt mit einem Elektrozaun abgetrennt. Dort stehen sie – meine Damen! Kaum sind wir aus dem Auto ausgestiegen, gibt es für mich kein Halten mehr und voller Vorfreude laufe ich den Hang hinab auf die Weide. Die erste Überraschung sind meine Kälbchen Laura, Hannerl, Distel und Wildfang. Kälbchen ist gar nicht mehr der passende Ausdruck, denn sie sind so groß geworden, dass ich

Wiedersehen mit meinen Kühen – was für eine Freude!

sie kaum wiedererkenne. Auch sie haben so ihre Probleme, mich einzuordnen und reagieren eher scheu auf meine stürmischen Liebkosungen. Nur auf Wildfang ist einfach Verlass – sie ist zutraulich wie eh und je.

Ich mache die Runde und begrüße alle Kühe einzeln und würde sie am liebsten vor Freude umarmen. Meine Glockenkühe tragen keine Glocken mehr, aber ich erkenne sie trotzdem sofort: Schweizer liegt unter einem Baum und lässt sich geduldig streicheln und Silber kommt sogar von selbst, um Frank und mich zu beschnuppern. Auch Muster, Scheck und Zitta lassen meine Begrüßung mehr oder weniger gern über sich ergehen. Ich bin ein bisschen enttäuscht, dass sie meine begeisterte Freude nicht erwidern, aber gleichzeitig beschäftigt mich eine noch viel wichtigere Frage: Wo sind die anderen fünf?

Inzwischen taucht auch Bauer Hans auf zusammen mit Barri, dem Hund, der mich in stürmischer Begeisterung fast umwirft. Auch die Begrüßung mit dem Bauern ist sehr herzlich und sofort muss ich die brennende Frage nach den anderen Tieren loswerden. Hans lacht verschmitzt und vielsagend und führt uns auf die Weide hinter dem Hof. Tatsächlich – da sind sie alle und vor allem noch viel mehr: Kersch, Feigl, Blonde und Stöckl mitsamt ihrem Nachwuchs. Daran hatte ich gar nicht mehr gedacht: Die ersten Kälbchen sind inzwischen auf der Welt. Und sie sind klein, putzig und herzzerreißend süß!

Von Milchkühen zu Mutterkühen

Da Hans seinen Betrieb auf Mutterkuhhaltung umgestellt hat, dürfen die Kühe zum ersten Mal in ihrem Leben ihre Kälbchen nach der Geburt bei sich behalten und selbst aufziehen und säugen. In einem Jahr werden die Kälber dann als *Tiroler Jungrind* auf den Teller kommen – und zwar als glückliches Jungrind, denn den Kleinen mangelt es weder an Zuneigung noch an Milch, Auslauf oder Frischluft.

Frechs ganz eigene Geschichte

Dem aufmerksamen Leser dürfte vielleicht aufgefallen sein, dass in meiner Erzählung immer noch eine Kuh fehlt – Frech, meine kleine und schmächtige Lieblingskuh. Ich habe sehr gebangt, ob ich sie wiedersehen würde, da der Bauer Hans sie schon im Sommer für den Schlachthof vorgesehen hatte. Sie war zwar im Winter besamt worden, aber im Sommer zeigt sie weder Bauchansatz noch Brunstsignale. Also eine leere und somit keine rentable Kuh. Meine Erwartungen, sie wiederzusehen waren dementsprechend gering.

Aber manchmal wird das Unmögliche möglich und ich erlebe die für mich allergrößte Überraschung: Meine kleine Frech, die dünn und fast mager war, hat ein Kälbchen bekommen! Ein schwarz-weißes, süßes Kuhbaby. Ich kann es kaum fassen! So ging es wohl auch dem Bauern, der die Abholung zum Schlachthof nur um ein paar Tage verschoben hatte, um eine notwendige Ohrmarke nachzubestellen. Ein glücklicher Zufall, wie sich herausstellte, denn in diesen paar

Da liegt es, das kleine Wunder.

Auf der Alm ist es still

Nach einem Kaffee in der Bauernküche und ausführlichen Berichten zu den Geschehnissen seit meiner Abreise dürfen wir noch mit dem Auto auf die Alm fahren. Es ist schon spät. Überall liegen Schneereste und die grünen Almwiesen voller Blumen und Kräuter haben sich in braunes Gestrüpp und Matsch verwandelt.

Die Fensterläden der Hütte sind verriegelt und die Stalltür ist mit Brettern zugenagelt. Es ist still und leer. Ein bisschen Wehmut kommt auf. Trotz Wind und Kälte steigen wir noch auf zum Trainsjoch zu meinem Hausberg, dessen Gipfel ich den ganzen Sommer nur ein einziges Mal besucht habe, nämlich an meinem ersten Tag. Und jetzt bin ich endlich noch einmal hier oben. Der Wind pfeift. Es ist bitterkalt. Ich schreibe ein paar sentimentale Dankesworte über meinen Almsommer ins Gipfelbuch und dann verabschiede ich mich für dieses Jahr endgültig von meiner Wahlheimat auf Zeit.

Walter Perktold, einer der Söhne meiner Almnachbarn Mich und Greti, hat ein Gedicht über den Abschied von der Alm verfasst, das mich sehr bewegt hat und alles widerspiegelt, was auch ich empfunden habe:

Tagen wurde plötzlich Frechs Euter prall und Hans erkannte bei ihr mit einem Mal alle Anzeichen einer bevorstehenden Geburt. Wenig später kam das kleine Kälbchen zur Welt. Wunder geschehen also doch!

Ich habe keine Ahnung, wo Frech dieses kleine Wesen in ihrem Körper versteckt hatte, denn niemand hätte diese Kuh trächtig vermutet. Es ist ein umso ergreifender Anblick, sie jetzt auf der Weide zu sehen, während sie ihre Kleine am Euter trinken lässt, die übrigens nicht so sorgsam mit den Zitzen umgeht, wie ich das beim Melken gemacht habe. Aber Frech lässt sich alles in mütterlicher Gelassenheit gefallen. Schöner könnte das Wiedersehen mit meinen Damen nicht sein!

Mein Abschied von der Alm

Wenn von geliebten Bergeshöhn
Die Nebel langsam talwärts ziehn
Blick noch einmal ich zurück
Mit traurigem, leicht feuchtem Blick

Der Sommer hier in dieser Welt
War Glück und Reichtum ohne Geld
Ohne Luxus Leben pur
In Gottes gnädigster Natur

Ich sperre meine Hütte zu
Schneebedeckt liegt sie in Ruh
Bis der warme Frühlingswind
Die zarte Decke von ihr nimmt

Noch einmal blick ich um, bewegt
Wie hab hier oben ich gelebt
Dem Menschen fern dem Himmel nah
Was war dies Leben wunderbar

Muss zu den Menschen jetzt ins Tal
Und hoffe nicht das letzte Mal
Wart ich den Frühling der bestrebt
Mich wieder in die Berge trägt

Und wenn das letzte Mal es wär
Es gäbe keine Wiederkehr
Bleibt meine Seele hier zurück
Warst Heimat mir mein ganzes Glück

(Walter Perktold)

Ein Jahr später – ein herzlicher Empfang

Ziemlich genau ein Jahr ist es her, dass ich mein erstes Wochenende auf der Trainsalm verbracht habe, um meine Eignung beim Probearbeiten unter Beweis zu stellen. Ein Jahr ist es her, dass ich mich in diese kleine Ecke unserer Erde verliebt habe. Ein Jahr ist es schon her, dass ich mit einer großen Tüte voller Holunderblüten und mit der Aussicht auf einen bevorstehenden Almsommer im Gepäck nach Hause gefahren bin.

Das mit dem Almsommer wird dieses Jahr leider nichts werden, denn ich bin wieder in der Arbeitswelt mit Büroalltag angekommen, aber der Holunder blüht wieder und der Almauftrieb für meine Kühe steht bevor. Ich finde also, es ist an der Zeit, der Trainsalm einen Besuch abzustatten. Gemeinsam mit Theresia geht es los zu unserer Wahlheimat des vergangenen Sommers. Es fühlt sich immer noch an wie nach Hause kommen. Ich kenne jede einzelne Kehre auf dem Weg nach oben und ich kann einen kleinen Freudenschrei nicht unterdrücken, als wir um die Kurve biegen, von der aus meine Hütte in Sichtweite kommt – sehr zum Vergnügen von Theresia, die mich herzlich auslacht.

Bald beginnt der neue Almsommer

Auf der Alm herrscht geschäftiges Treiben. Es ist das Wochenende vor dem Almauftrieb und deshalb wird in allen Hütten eifrig und emsig geräumt und geputzt, um für die Sommermonate gerüstet zu sein. Zu Fuß laufen wir den uns so gut bekannten Weg in die Senke, wo wir unzählige Male morgens unsere Kühe geholt haben. Mein Bauer Hans ist mit Zäunen beschäftigt, denn die Kühe verbringen zum ersten Mal als Mutterkühe gemeinsam mit ihren Kälbchen den Sommer auf der Alm. Dabei müssen sie von den Milchkühen der Almnachbarn getrennt sein, da sonst die Gefahr besteht, dass die Kälbchen auch mal an deren Euter naschen.

Das Gebiet, das umzäunt werden muss, ist groß und die Verwandtschaft hilft mit. In der Zwischenzeit wird in meiner Hütte Essen für die hungrigen Arbeiter vorbereitet. Die Schwägerin des Bauern hat Knödel und Schweinefleisch gemacht und es duftet, als wir in die Hütte kommen.

Spätestens jetzt kommt echte Nostalgie auf. Eigentlich sieht alles noch so aus, wie ich es im letzten Jahr zurückgelassen habe, sogar die selbst gemalten Namensschilder meiner Kälbchen sind noch da. Ich erkunde jeden Winkel meiner Hütte, den Stall, das Milchkammerl, den Motorraum und all die Erinnerungen werden wieder wach und wecken Sehnsucht nach dem Leben hier oben.

Jetzt fehlen eigentlich nur noch die Kühe. Aber die sehe ich an diesem Tag nicht, denn sie sind noch auf der Niederalm. Wir haben leider keine Zeit mehr, sie zu besuchen, aber ich verspreche dem Bauern, bald wiederzukommen und freue mich schon jetzt darauf. Aber zunächst werde ich zu Hause Sirup und Gelee machen aus meiner reichlichen Holunderblütenernte – das duftet so herrlich!

Zurück am Trainsjoch ...

... und in „meiner" Hütte!

Hin- und hergerissen – zwischen der Stadt und den Bergen

Mein Alltagsstress hat mich fest im Griff. Es wird Ende August, bis ich ein freies Wochenende für einen Ausflug auf die Trainsalm finden kann. Aus den Holunderblüten sind inzwischen dunkle Beeren geworden, die ich auch gleich bei meinem Besuch am Hof des Bauern in großen Mengen ernte. Holunderbeerenlikör, -sirup und -marmelade werde ich daraus machen und mir damit ein Stückchen Almleben in meine Stadtwohnung holen.

Wieder bei Klara

Ich besuche Klara auf der Alm, die von meinem Auftauchen überrascht wird, denn das Wetter ist so schlecht an diesem Wochenende, dass sie keinen spontanen Gast erwartet hat. Ich habe mich nicht angemeldet. Jetzt bin ich also der überraschende Besuch, der mich im Vorjahr so oft gestört hat. Doch deshalb fällt der Empfang nicht weniger herzlich aus, und da ich aus eigener Erfahrung weiß, dass die Almleute es nicht gerne sehen, wenn man sich aus ihren Vorräten bewirten lässt, habe ich Kuchen mitgebracht.

Der Wind pfeift um die Hütte und es regnet in Strömen, während wir es uns auf Klaras Eckbank bei Almkaffee und frischer Kuhmilch gemütlich machen und ich mir die Geschichten des diesjährigen Almsommers erzählen lasse. Plötzlich zeigt uns ein flüchtiger Blick nach draußen, dass der Regen sich in große weiße Schneeflocken verwandelt hat und die Alm bereits mit einer feinen, puderzuckergleichen, weißen Decke überzogen ist.

Klara sorgt sich um die Kälbchen, die noch nicht im Stall sind. Kurzerhand ziehen wir deshalb unsere Stiefel an und packen uns in wind- und wetterfeste Kleidung, um uns auf die Suche zu machen. Ich bin begeistert, dass ich auf diese Art plötzlich wieder mitten im Almleben bin. Der Wind schlägt uns den eiskalten Schnee ins Gesicht, der auf der Haut brennt, und ich folge Klara auf den Semmelkopf, den Hügel hinter ihrer Hütte. Bis ganz auf den Rücken des Hügels müssen wir gehen, bis wir nach etwa einer halben Stunde die Kälbchen endlich aufspüren.

Und dann kommt der Moment, in dem mir wieder einmal klar wird, was die Arbeit auf der Alm so wunderbar und einzigartig macht. Es hört auf zu schneien und während die dunklen Wolken in Richtung Osten weiterziehen, öffnet sich wie auf Knopfdruck im Westen der Himmel und die Sonne blitzt durch, um die jetzt schneebedeckten Gipfel ringsumher in ein unwirklich gelbes Licht zu tauchen. Zum Weinen schön, und ich wüsste keinen Ort der Welt, an dem ich jetzt lieber wäre. Der Aufstieg im Schneesturm wurde belohnt und die Kälbchen kommen mit uns zurück zum Stall.

Voll Nostalgie

Das Dorf ist klein und es hat sich natürlich sofort herumgesprochen, dass die Sennerin aus dem Vorjahr da ist. Somit findet sich bei Klara eine kleine Runde aus Almleuten und Bauern ein. Nach den üblichen Schnapserln, die ich aus lauter Nostalgie im Gegensatz zum Vorjahr mittrinke, stellt Klara eine deftige Brotzeit mit Käse und Speck auf den Tisch, und als wir auch noch eine Flasche Wein aufmachen, lasse ich mich überreden, entgegen meiner Pläne über Nacht zu bleiben. Gesagt, getan!

Es wird spät, es gibt viel zu erzählen, zu lachen und zu trinken. Der Kater am nächsten Morgen lässt es mich bereuen. Klara weckt mich um halb sechs Uhr zum Kühe holen. Mit viel zu großen Stallhosen von ihr, die ich mit einer Schnur um die Hüften binde, damit sie nicht nach unten rutschen, und einem sehr flauen Gefühl im Magen, trete ich mit Klara den Weg an, um die Kühe zu suchen. Innerlich fluche ich über den Schnaps und Wein vom Vorabend und erinnere mich plötzlich wieder an all die schwierigen Momente des Almlebens, die unnachgiebig Durchhaltevermögen fordern. Genauso wie diese Situation, in

Wiedersehen mit Klara.

der ich jetzt versuche, trotz Übelkeit und Schwindel mit Klara Schritt zu halten. Doch die Anstrengung wird auch jetzt wieder belohnt.

Wir treiben die Kühe zusammen den Hügel hinunter, während wir von einer großen Schar Gämsen ganz aufmerksam aus respektvollem Abstand beobachtet werden. Die Schönheit der erwachenden Natur und die Nähe zu den Tieren, kombiniert mit dem Gefühl, etwas geschafft zu haben, macht mich glücklich. Während Klara und ihr Bauer im Stall beim Melken sind, brühe ich mit dem heißen Wasser, das über dem Ofenfeuer kocht, eine Kanne Kaffee auf und genieße es, dabei vom Fenster aus zuzusehen, wie die Alm langsam zum Leben erwacht. Ich bin Klara dankbar, dass ich ein Wochenende lang wieder auf der Alm sein durfte, und ich habe das Gefühl, als wäre ich nie weg gewesen. Das ist ein Platz, an dem ich für immer zu Hause sein werde.

Der schöne Sonnenaufgang erinnert mich an die wunderbaren Momente des Almlebens.

Und nun? Was ist geblieben?

Eine ganze Menge, würde ich sagen. Ich habe meinen Horizont erweitert, ich habe die Erfahrung gemacht, mit wenig materiellen Dingen auszukommen und dabei glücklich zu sein und nichts zu vermissen, ich habe neue Freunde gewonnen und viele interessante Menschen getroffen. Ich habe die Natur in den Bergen auf eine ganz neue und viel intensivere Art erfahren als jemals zuvor.

Grundsätzlich hatte ich mich bereits für einen naturverbundenen Menschen gehalten: Ich gehe seit Jahren gerne und oft in die Berge und liebe die Natur. Ich weiß, dass Kühe nicht lila sind und die Milch nicht im Tetrapack entsteht. Dennoch musste ich mit Erschrecken feststellen, wie weit wir in der Stadt von der Natur und ihren Schätzen entfernt leben und wie sehr wir uns von ihr entfremdet haben. Und wir haben größtenteils den Bezug zur Herkunft und Herstellung unserer Lebensmittel verloren.

Einer der Bauern sagte mir im Rahmen einer Diskussion zu diesem Thema, er würde es befürworten, wenn jeder einmal im Leben ein Praktikum in einem landwirtschaftlichen Betrieb machen müsste, damit wir wieder lernen, wo unser Essen herkommt. Auch wenn natürlich nur ein Teil unserer Lebensmittel aus heimischen Landwirtschaftsbetrieben stammt, hat diese Idee sicherlich ihre Berechtigung, wie ich durch meine eigene Erfahrung bestätigen kann. Seit Jahren bin ich eine sehr bewusste Käuferin regionaler Produkte, aber besonders meine Einstellung zu Milchprodukten und Fleisch wurde noch einmal korrigiert. Inzwischen nehme ich nie mehr die billigste Milch oder Butter. Zum einen, weil ich weiß, wie viel Arbeit dahinter steckt. Zum anderen, weil es mir wichtig ist, Molkereien und bäuerliche Familienbetriebe zu unterstützen, die nicht auf anonyme Massenproduktion setzen, sondern bei denen noch ein Bezug besteht zwischen Mensch und Tier.

Viele mögen denken, dass mich die Verbundenheit zu den Tieren zur Vegetarierin gemacht hat – aber keineswegs. Ich genieße weiterhin Fleisch, aber achte noch genauer auf dessen Herkunft. Ich bin der Überzeugung, dass man nicht verzichten muss, sondern in Maßen genießen soll und dabei nie vergessen darf, dass hinter jedem Stück Fleisch ein Tier steckt, das ein gutes Leben gehabt haben soll. Das ist sicher bei dem Fleisch nicht gegeben, das zu Dumpingpreisen im Supermarkt liegt.

Den Wilden Kaiser im Blick und eine neue Sichtweise im Rückblick.

Was hat es gebracht – mein Sommer auf der Alm?

Die Sehnsucht ist geblieben.

Ein anderer Blickwinkel

Ich bin unglaublich froh und stolz, dass ich es ge-schafft habe, als „eine aus der Stadt". Jetzt ver-misse ich die Arbeit in der Natur und mit den Tie-ren, wenn ich wieder tagaus und tagein im Büro vor meinem Computer sitze. Dieser Sommer hat mich zweifelsohne verändert und ich bin nicht mehr sicher, wo ich hingehöre.

Weiterhin in der Landwirtschaft zu arbeiten, wäre nicht mein Weg, denn ich glaube, die Arbeit, die kein Wochenende und keine Feiertage kennt, wäre mir auf Dauer zu viel. Ich bewundere alle, die das schaffen. Bei der Almarbeit spielen neben den landwirtschaftlichen Aspekten ja auch noch an-dere Dinge eine Rolle, wie zum Beispiel die außer-gewöhnliche Umgebung in diesen luftigen Höhen. Almleben bedeutet ein Gefühl von Freiheit und Unabhängigkeit von der Hektik, dem Termin-druck und der Geschäftigkeit, die unten im Tal oder noch mehr in der Stadt herrschen. Das Le-ben hier folgt einem eigenen Rhythmus im Ein-klang von Mensch, Tier und Natur. Wo in unserer westlichen Gesellschaft ist das noch so zu finden?

Die Wiedereingewöhnung in das Stadt- und Berufsleben fällt mir schwerer als gedacht. Ich brauche lange, bis ich wieder die Menschen-massen in der U-Bahn ertrage und mich an mein Businesskostüm gewöhne – es erscheint mir wie eine Verkleidung. Ich fühle mich einsam in der Stadt, denn zum ersten Mal fällt mir auf, dass mich von all diesen Hunderten von Menschen, denen ich auf meinem Weg in die Arbeit begegne, nicht ein einziger beachtet oder grüßt. Ich fühle mich einsam in meiner Wohnung, wo ganz sicher niemand spontan vorbeikommen wird. Ein Nach-bar auf der Alm hat mich einmal gefragt:

„Was macht man denn eigentlich am Wochenende in der Stadt?"

Und meine Antwort lautet jetzt:

„Raus aufs Land und ab in die Berge, und zwar, so schnell es geht!"

Service

Tipps für alle, die auf den Geschmack gekommen sind

So viel Idylle – ist da nicht die rückblickende Verklärung im Spiel, mag sich so manch ein Leser vielleicht fragen. Bestimmt ist es so, dass im Rückblick einiges leichter wirkt und die schweren Tage schneller wieder vergessen sind. Doch alles in allem bleibt das Grundgefühl des Glücks, das ich mit dieser Zeit verbinde. Es ist nicht zu übersehen, dass meine Augen anfangen zu strahlen, sobald ich von dieser Zeit erzähle, sobald ich Kühe auf einer Alm sehe oder sobald ich wieder in meine Wahlheimat zurückkehre. Trotzdem schließt das die schwierigen Momente nicht aus – es wiegt sie nur auf. In einem Lied von *Hubert von Goisern* über die Almen mag ich eine Zeile ganz besonders, die diese Zwiespältigkeit ausdrückt:

> *„Mei Hüttn de kloane,*
> *geht ma nimma aus'n Sinna,*
> *wo i oftmals so traurig und*
> *glücklich g'wesen bin."*

Nein, ein Sommer auf der Alm bedeutet nicht, automatisch das Glück zu buchen. Die Arbeit ist hart, die Verständigung mit den Bauersleuten nicht immer einfach und der primitive Standard einer Almhütte alles andere als komfortabel. Aber wenn man die richtigen Vorrausetzungen mitbringt und Spaß an dieser Art zu leben hat, kann es einen sehr glücklich machen.

Für wen ist eine Almzeit empfehlenswert?

Im Vorfeld sollte man sich als Städter ohne landwirtschaftlichen Hintergrund, wie in meinem Fall, einige Punkte genau überlegen, um seine Eignung für einen Almsommer zu prüfen:

Die Arbeit ist körperlich anspruchsvoll und es gibt keine Feiertage oder Wochenenden. Die Arbeit muss jeden Tag aufs Neue erledigt werden, auch wenn man erschöpft ist, keine Lust hat oder das Wetter schlecht ist. Es sind Kondition, Ausdauer und Durchhaltevermögen gefragt, um auch die Momente auszuhalten, an denen einem alles über den Kopf wächst und man ans Aufgeben denkt.

Eine der wichtigsten Vorrausetzungen für die Arbeit auf der Alm ist, dass man viel Liebe zu den Tieren mitbringt, denn um die geht es hier. Als Sennerin hatte ich zuweilen das Gefühl, für eine ganze Kinderschar zuständig zu sein, denen immer wieder Grenzen aufgezeigt werden müssen, die im Krankheitsfall Pflege und Fürsorge brauchen und für die man voll und ganz verantwortlich ist.

Warum nicht ein Sommer in den Bergen?

Tierliebe ist Voraussetzung.

Genau das ist der nächste Punkt. Man muss Verantwortung tragen können, denn davon hat man eine ganze Menge. Verantwortung für die Tiere: dass sie nach Hause kommen, dass sie wohlauf sind oder eben gesund werden und dass sie gut versorgt sind. Das kann zuweilen eine große Belastung sein. Dazu kommt die Verantwortung für eine gute Milchqualität, die dauerhaft gewährleistet werden muss. Man ist gewissermaßen ein „Alm-Manager" auf Zeit.

Ein weiteres Kriterium ist, dass man keine Scheu hat, sich die Hände schmutzig zu machen. Wer eine keimfreie Umgebung bevorzugt, die Nase rümpft, wenn er in die Nähe eines Kuhstalls kommt und sich nicht vorstellen kann, mit Kuhmist in direkten Hautkontakt zu geraten, der ist hier falsch. Denn man hat viel mit Scheiße zu tun, um die Sache beim Namen zu nennen. Dazu gehört zum Beispiel auch, dass man das Euter der Kuh anfasst, wenn es dreckig ist und täglich kiloweise Mist in die Güllegrube schiebt.

Wenn man aber Lust hat, ein Leben ohne Luxus auszuprobieren und für eine Weile in eine andere Welt einzutauchen, wenn man auch ohne Föhn, Wasserkocher, Zentralheizung, Fernseher und Internet auskommen kann und dafür der Natur wieder näher kommen möchte – dann könnte man durchaus einen Sommer auf der Alm reizvoll finden.

Anpassungsfähigkeit und interkulturelle Kompetenz sind elementare Voraussetzungen, wenn man nicht nur mit den Tieren, sondern auch mit den Menschen gut auskommen will. Da sind sicherlich eine große Portion Einfühlungsvermögen, Fingerspitzengefühl und ein dickes Fell gefragt. Der Ton kann zuweilen derber und rauer sein, als man das aus der Stadt gewöhnt ist.

Letztendlich muss man einfach nur seinem Bauchgefühl folgen – aber eine wichtige Warnung muss ich an dieser Stelle noch aussprechen:

Vorsicht –
Almleben kann süchtig machen!

Wie organisiere ich die Almzeit?

Wenn man sich für eine Auszeit auf der Alm entscheidet, gibt es noch einige organisatorische Fragen zu klären:

Wie und wo will ich arbeiten?

Im Vorfeld sollte man sich überlegen, ob man allein auf einer Alm sein oder zum Einstieg eher in einem Team mitarbeiten möchte. Geteilte Arbeit bedeutet natürlich auch weniger Verantwortung, was gerade als Neuling von Vorteil sein kann. Stellt man sich eine einsame, abgelegene Alm vor oder eine gut erschlossene, die möglicherweise sogar ein kleines Almdorf beherbergt? Auf welcher Höhe sollte die Alm sein und wie wichtig ist die Aussicht?

Was will ich machen?

Eine weitere wichtige Frage ist die nach der konkreten Aufgabe: Will man als Hirte nach den Tieren sehen oder möchte man sich wirklich als Senner/in auch an die Melkarbeit wagen? Ist es wichtig, die Milchverarbeitung zu Butter und Käse zu lernen, oder kommt eine Hütte infrage, wo auch Gäste bewirtet und vielleicht sogar beherbergt werden?

Wann sollte man mit der Suche beginnen?

Je früher, desto besser, lautet die Devise. In der Regel möchten die Bauern im Winter die Frage des Almpersonals für den kommenden Sommer geklärt wissen. Wer später in die Suche einsteigt, wie auch ich, hat die Chance, die Almstellen zu ergattern, bei denen gerade wieder jemand abgesprungen ist, was nicht selten vorkommt. Wenn man eine Stelle sucht, bei der auch Milchverarbeitung Teil des Aufgabengebietes ist, dann sollte man genügend Zeit einplanen, um im Vorfeld einen Vorbereitungskurs zu besuchen, der vor allem in der Schweiz für Neulinge angeboten wird.

Wo sollte man suchen?

Für die Schweiz ist das Online-Portal www.zalp.ch die wichtigste Adresse, im Übrigen auch, um interessante Erfahrungsberichte oder Fachliteratur nachzulesen. Für Österreich bietet www.almwirtschaft.com einen Stellenmarkt, in dem man natürlich auch selbst kostenlos ein Gesuch schalten kann. Für Bayern ist mir kein Online-Angebot bekannt. Die Bewerbung muss hier schriftlich an den Almwirtschaftlichen Verein Oberbayern gestellt werden, der die Vermittlung übernimmt. Als Laie sollte man für eine erfolgreiche Bewerbung mindestens die Teilnahme an einem Tierhaltungskurs vorweisen können. Parallel dazu kann man auch die regionalen Bauernzeitungen durchstöbern oder dort annoncieren.

Vorabbesichtigung oder Katze im Sack?

Wenn die Alm nicht allzu weit entfernt ist und in Reichweite eines Wochenendausflugs vom eigenen Wohnort liegt, empfiehlt es sich auf jeden Fall, die Hütte und die Bauersleute vorab kennenzulernen. Schließlich sollte man sich dort wohlfühlen und mit den Leuten gut auskommen. Ein

Schnuppertag verringert das Risiko, dass man sich nach kurzer Zeit wegen falscher Erwartungen und Vorstellungen oder persönlicher Differenzen wieder trennen muss.

Bezahlung und Vertrag?

Hier gibt es besonders große Unterschiede zwischen Österreich und der Schweiz. Der Lohn ist auch abhängig vom Aufgabenbereich, den man übernehmen soll. In der Schweiz handelt in der Regel das ganze Team den Vertrag mit dem Bauern aus und man kann mit einiger Erfahrung sehr gut verdienen. Den jeweils aktuellen Lohnspiegel findet man übersichtlich dargestellt unter www.zalp.ch. In Österreich habe ich bei meiner Almsuche ein deutlich niedrigeres Lohnniveau festgestellt, das sich in den meisten Fällen auf freie Kost und Logis, mit einem Taschengeld beziehungsweise Übernahme der Versicherung, beschränkt.

Ob es mein einziger Almsommer bleibt? Ich glaube nicht!

Wer jetzt auf den Geschmack gekommen ist und auch angesteckt werden möchte von der (Sehn-) Sucht nach dem Almleben, dem wünsche ich so viele positive Erfahrungen, wie ich sie machen durfte. Und meine Geschichten kann man im Übrigen auch in Zukunft weiter verfolgen unter www.almsommer.wordpress.com.

Literatur

Hintergrundinformationen zu den Güllewürmern:
Chrigel Schläpfer: Neues Handbuch Alp: Gülle-
würmer, Bschittigrodlä, Mistbienen. zalpverlag
Mellis, Schweiz 2007, S.178 / 179.

Hintergrundinformationen zu gehörnten Kühen:
Alfred Schädeli: Neues Handbuch Alp. zalpverlag,
Mellis, Schweiz 2007.

Hintergrund über die Kräuter:
Gertrude Messner: Gesund durchs Jahr mit der
Kräuterbäuerin. Löwenzahnverlag, Leipzig 2006.

Hintergrund über Essen auf der Alm:
Eva Maria Lipp, Eva Schiefer: Almkochbuch.
Rezepte von Sennerinnen. AV Buch, Schwarzen-
bek 2009.

Bildquellen

Register

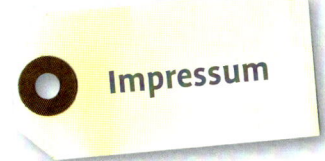

Impressum

**Bibliografische Information der
Deutschen Nationalbibliothek**
Die Deutsche Nationalbibliothek verzeichnet
diese Publikation in der Deutschen Nationalbi-
bliografie; detaillierte bibliografische Daten sind
im Internet über http://dnb.d-nb.de abrufbar.

© 2012 Eugen Ulmer KG
Wollgrasweg 41, 70599 Stuttgart (Hohenheim)
E-Mail: info@ulmer.de
Internet: www.ulmer.de
Lektorat: Dr. Eva-Maria Götz
Herstellung: Silke Reuter
Umschlagentwurf/Innenlayout: Freiraum K,
Karen Neumeister, Stuttgart
Satz: r&p digitale medien, Echterdingen
Druck und Bindung: Friedrich Pustet, Regensburg
Printed in Germany

ISBN 978-3-8001-7795-0